国家重点研发计划项目（2019YFA0705501）
国家自然科学基金项目（22408264）
博士后创新人才支持计划项目（BX2021209）
山西省基础研究计划项目（自由探索类）（202203021222089）



# 高碱煤与油页岩协同热转化特性及动力学研究

鲁　阳／著

中国矿业大学出版社
·徐州·

## 内容提要

油页岩中富含有机质干酪根，其热解产生的页岩油类似天然石油，但较高的灰分导致热解油产率较低，而准东煤中富含碱金属和碱土金属，其对有机质热转化具有促进作用，利用准东煤中碱金属和碱土金属促进油页岩热解/燃烧行为具有重要研究价值。本专著基于高碱煤用于燃烧发电时，其中的碱金属和碱土金属会造成灰分的熔融和烧结，而油页岩/页岩焦中富含的硅、铝元素可作为高碱煤燃烧的固碱剂和耐熔剂，可以解决燃用高碱煤带来的沾污、结渣和腐蚀问题，利用高碱煤和油页岩的固有性质，研究二者共热解和共燃烧特性，为准东煤和油页岩的清洁高效利用提供新途径。

本书可作为能源与化工领域科研人员参考用书，也可供高校能源、化工、材料相关专业研究生参考。

**图书在版编目(CIP)数据**

高碱煤与油页岩协同热转化特性及动力学研究 / 鲁阳著. — 徐州 ：中国矿业大学出版社，2025. 6.
ISBN 978-7-5646-6883-9

Ⅰ. TQ53；TE662.3

中国国家版本馆 CIP 数据核字第 2025ZE9072 号

**书　　名**　高碱煤与油页岩协同热转化特性及动力学研究
**著　　者**　鲁　阳
**责任编辑**　吴沛沛　满建康
**出版发行**　中国矿业大学出版社有限责任公司
　　　　　（江苏省徐州市解放南路　邮编 221008）
**营销热线**　(0516)83885370　83884103
**出版服务**　(0516)83995789　83884920
**网　　址**　http://www.cumtp.com　**E-mail**：cumtpvip@cumtp.com
**印　　刷**　苏州市古得堡数码印刷有限公司
**开　　本**　787 mm×1092 mm　1/16　**印张** 6.5　**字数** 166 千字
**版次印次**　2025 年 6 月第 1 版　2025 年 6 月第 1 次印刷
**定　　价**　30.00 元

# 前　言

我国油页岩资源丰富，居世界第二位。油页岩热解产生的页岩油类似天然石油，是我国重要的战略储备资源和补充能源。但油页岩的高灰分、低导热系数，造成了油页岩产油率低、传热效率差、废渣堆积严重等问题，限制了其大规模开发利用。碱金属和碱土金属(AAEM)对化石燃料热转化具有一定的促进作用。我国新疆准东地区蕴藏大量的高碱煤，其中的碱金属钠(Na)和碱土金属钙(Ca)、镁(Mg)含量均较高。因此，利用准东煤中的AAEM矿物质促进油页岩的热解具有重要研究价值。此外，当准东煤用于燃烧发电时，AAEM会挥发至气相造成锅炉换热面和炉壁的沾污、结渣及腐蚀等问题，而油页岩/页岩焦的灰分中富含硅(Si)、铝(Al)等有益元素，可作为准东煤燃烧的固碱剂和耐熔剂，以解决由准东煤中AAEM带来的挥发和熔融问题。同时，新疆地区由于油页岩运输成本较高，将其用于当地燃烧发电，然而较高的灰分阻碍了油页岩燃烧行为。因此，利用准东煤中的AAEM来提高油页岩的燃烧性能具有现实意义。

本书利用准东煤和昌吉油页岩的固有性质，即准东煤富含AAEM，油页岩富含有机质干酪根，矿物质中富含Si、Al元素，将二者制成混合燃料，研究混合燃料的协同热转化特性。通过研究其共热解行为，阐明了热解产物分布及产物特性，揭示了AAEM对油页岩热解的催化机理及二者共热解的协同效应，以达到增油提气效果。通过选取油页岩/页岩焦作为准东煤添加剂进行固碱燃烧，研究其固碱率、矿物组分变化、灰熔融特性、灰颗粒的形貌及粒度变化，揭示了准东煤与油页岩/页岩焦共燃烧过程中AAEM迁移规律，实现了抑制AAEM挥发，提高灰熔点的目标。通过研究二者共燃烧行为，获得了其燃烧特性的变化规律，揭示了油页岩催化燃烧机理，达到了降低着火点和燃尽点，提高燃烧性能的目的。最后，进行了混合燃料热解/燃烧动力学分析。为准东煤和油页岩清洁高效利用提供新途径。

本书在撰写过程中得到了得到了张永发教授和杨栋教授的悉心指导，在此一并表示感谢。感谢以下项目对本书的经费支持：博士后创新人才支持计划项目(BX2021209)、国家重点研发计划项目(2019YFA0705501)、国家自然科学基金项目(22408264)、山西省基础研究计划项目(自由探索类)(202203021222089)。

由于作者水平所限，书中不足之处在所难免，恳请广大读者批评指正。

著　者

2025年4月

# 目　录

# 第1章　绪　论

## 1.1　准东煤热转化研究进展

准东煤田为海洋性沉积煤田，由于特殊的成煤环境，准东煤具有一些特有的煤质特征。准东地区煤种大部分为高碱煤[1-2]，其碱金属与碱土金属(alkali and alkaline earth metal，AAEM)含量较高，钠含量为2%～10%，钙含量为20%～50%，镁含量为2%～15%。准东煤为低阶煤，其主要特点有易着火，易燃尽，中高水分，低灰分，高挥发分，中等发热量，低有害物质(硫、磷、砷等)，高氧含量，为强结渣，易沾污，中等腐蚀性煤质[3-4]。

由于新疆特殊的地理位置和交通因素，准东煤无法大规模向外输送，主要用于当地电厂发电，新疆地区已有较多电厂开始掺烧准东煤或尝试完全燃烧准东煤。

然而，准东煤中的AAEM含量远远高于其他动力用煤[5-6]。因此，准东煤在燃用过程中表现出了严重的沾污结渣特性，出现了炉内燃烧器区域严重结焦、高温过热器和再热器沾污堵塞现象，这不仅降低了换热面的换热效率，而且严重影响电厂锅炉运行安全和使用寿命。因此，研究准东煤燃烧过程中AAEM的挥发行为和控制技术具有现实意义和应用价值。

### 1.1.1　准东煤燃烧过程中AAEM的释放及迁移行为

#### 1.1.1.1　准东煤燃烧过程中AAEM的释放

煤中AAEM(主要是Na，K，Ca等)的挥发性与其熔点密切相关，Na/Ca矿物质的赋存形态不同，其熔点存在较大的差异。一般认为，以硅酸盐或硅铝酸盐形式赋存的Na/Ca熔点最高，只有在高温下才会气化，如霞石等；而以水溶态和有机形式赋存的Na/Ca熔点相对较低，在燃烧过程中较低的温度下就会发生释放，如$NaSO_4$、$CaCl_2$等[7]。而准东煤中的Na主要为水溶态，Ca主要为盐酸溶态和不溶态，因此，准东煤中大部分的Na和少量的Ca在高温燃烧过程中会从煤中挥发，变为气相。

目前，煤中Na/Ca的释放途径一般有三种形式：(1) 水溶态的Na/Ca在高温下直接释放；(2) 有机态的Na/Ca以挥发分的形式释放；(3) 在还原气氛下，通过原子形式释放[8]。煤中Na/Ca的释放过程一般可分为两步：燃烧前期和燃烧后期。煤在燃烧前期阶段，温度较低时Na/Ca还未开始释放，但发生了不同形态的相互转化。汉春利等[9]通过多元相关分析发现，在煤燃烧前期，水溶态的Na会向盐酸溶态的Na转化。张军等[10]研究结果表明，在燃烧初期，醋酸铵溶态的Na总体上增加，而不溶态的Na总体上减少。在燃烧后期，煤中的Na/Ca才开始释放。Lee等[11]利用增压流化床燃烧(PFBC)技术进行的碱金属吸附实验表明，煤中的Na通过NaCl的形式直接释放，而有机形式的Na/Ca则在煤脱挥发分过程中以羧酸盐的形式释放。

1.1.1.2　准东煤燃烧过程中 AAEM 的沾污机理

发电厂在燃用准东煤过程中，锅炉的管壁和换热面等部位出现了严重的沾污、积灰和腐蚀等问题，严重影响锅炉运行安全和使用寿命，限制了准东煤的大规模清洁利用。引起上述问题的主要原因为 AAEM 的挥发和矿物质之间发生的低温共熔。

对于富含 AAEM 的准东煤来说，水溶性的 Na/Ca 在高温（700～800 ℃）燃烧条件下升华至气相，再与烟气中的 $SO_2$ 和 $SO_3$ 等硫化物反应生成硫酸盐，生成的硫酸盐冷凝在炉壁和换热面上形成沉淀层，该现象称为 AAEM 的高温沾污[12]，如反应式（1-1）和式（1-2）所示。由于钠的硫酸盐熔点较低，所形成的沉淀层在高温下处于熔融状态，因此，具有黏结性的沉淀层可以捕捉大量的飞灰颗粒，并将其牢固地黏结在管壁上形成高温黏结性积灰；此外，AAEM 的硫酸盐具有一定的腐蚀性，紧贴在金属表面上造成金属管壁的高温腐蚀，如反应式（1-3）所示。同时，随着温度的升高，部分钠盐转化为硅酸盐或硅铝酸盐，并与铁、钙和镁的氧化物混合形成低温共熔体[13]，这些处于熔融状态的低熔共熔体也牢固地黏附在换热面和炉壁表面。

$$2NaCl + SO_3 + H_2O \longrightarrow Na_2SO_4 + 2HCl \tag{1-1}$$

$$2NaCl + 2SO_3 + H_2O \longrightarrow Na_2S_2O_7 + 2HCl \tag{1-2}$$

$$3Na_2SO_4 + Fe_2O_3 + 3SO_3 \longrightarrow 2Na_3Fe(SO_4)_3 \tag{1-3}$$

1.1.1.3　准东煤在燃烧过程中 AAEM 的迁移规律

由准东煤在高温燃烧过程中 AAEM 的释放行为及沾污机理可总结出 AAEM 的迁移规律，如图 1-1 所示。当温度由室温升高至 800 ℃时，准东煤中的钠元素以钠原子、氧化钠、氢氧化钠或氯化钠等形式挥发至气相，同时，煤中的硫元素释放并氧化，生成气相的二氧化硫或三氧化硫。当燃烧温度继续升高至 1 100 ℃时，硬石膏受热分解，生成 CaO 和 $SO_2$，同时，当燃烧温度达到 1 000 ℃左右开始，部分钙以气态原子或 CaO 的形式释放。当燃烧温度进一步升高，准东煤中大部分的 Na/Ca 挥发至气相，以气态形式存在，气相的 Na/Ca 原子或分子与 $SO_2$ 或 $SO_3$ 反应，生成大量气态的 $Na_2SO_4$ 和 $CaSO_4$，而 $Na_2SO_4$ 的熔点较低（约 884 ℃），其在高温下呈熔融状态，极易附着在换热面上。当含有 AAEM 的烟气经过换热面时，烟气的温度被降低，当烟气的温度降至 850 ℃时，大量的 $Na_2SO_4$ 和 $CaSO_4$ 气溶胶形成，极易沉积在换热面上。形成的气溶胶也会沉积在飞灰颗粒上，或捕捉飞灰颗粒，使得飞灰颗粒黏结在换热面上。大量的硫酸盐附着在换热面上冷凝并沉积形成沉淀层，飞灰颗粒的附着使沉淀层不断增厚，造成高温黏结性沾污。

### 1.1.2　准东煤灰熔融性

1.1.2.1　煤灰熔融性的影响因素

煤灰熔融性主要与煤灰中的矿物组分、煤热转化过程中矿物之间发生的反应和低温共熔有关。煤灰中的矿物组分主要有 $SiO_2$、$Al_2O_3$、CaO、MgO、$Na_2O$、$K_2O$、$Fe_2O_3$、$TiO_2$、$SO_3$、$P_2O_5$、$MnO_2$ 等，可将其分为两类，其中 $SiO_2$、$Al_2O_3$、$TiO_2$、$P_2O_5$、$SO_3$ 等为酸性氧化物，而 CaO、MgO、$Na_2O$、$K_2O$、$Fe_2O_3$ 等为碱性氧化物。一般来说，在煤灰中酸性氧化物起到耐熔作用，而碱性氧化物起到助熔作用。这是因为酸性氧化物阳离子的离子势较高，易与氧结合生成复杂的离子多聚物，而碱性氧化物为氧的结合体，阻碍了多聚物的形成，从而降低了灰

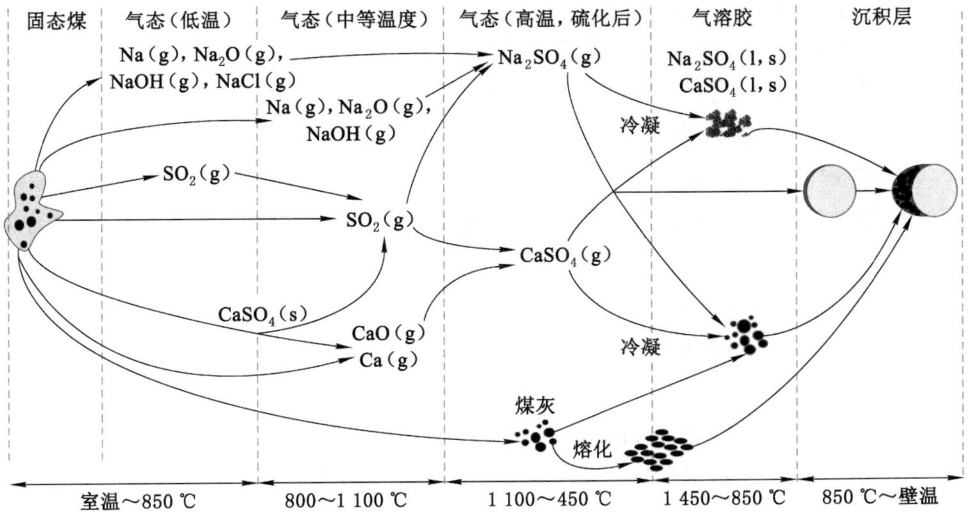


图 1-1 准东煤燃烧过程中 AAEM 的迁移规律

熔点。煤灰中的 $SiO_2$ 含量较多，如果 $SiO_2$ 以非晶态存在，易形成玻璃体，无固定的熔点。当 $SiO_2$ 以石英存在时，可提高煤的灰熔点，尤其是低硅煤的灰熔点。Xu 等[14] 认为，$SiO_2$ 可以有效改善低 $SiO_2$ 和高 CaO 煤的灰熔融性。煤灰中的 $Al_2O_3$ 含量对灰熔点的影响较大，因为 $Al_2O_3$ 可以起到骨架作用以支撑煤灰结构。当煤灰中 $Al_2O_3$ 含量超过 15%时，煤的灰熔点显著升高。随着煤灰中 MgO 含量升高，煤的灰熔点呈先降低后升高的趋势，但由于实际煤灰中 MgO 含量较低，一般认为 MgO 在煤灰中只起降低熔点的作用[15]。煤灰中 $Na_2O$ 和 $K_2O$ 会显著降低灰熔点。研究表明，$Na_2O$ 每增加 1%，煤灰的软化温度（ST）将降低 17.7 ℃，流动温度（FT）降低 15.6 ℃[16]。不同煤灰中的 CaO 的含量差别很大，含量最高可达 30%以上。CaO 极易与 $SiO_2$ 反应生成硅酸盐或硅铝酸盐，如钙长石、钙黄长石及硅钙石等矿物质，这些含钙矿物质易发生低温共熔，因此，CaO 在煤灰中一般起到助熔的作用。在煤灰中同样起到助熔作用的还有 $Fe_2O_3$[17]。在弱还原气氛中，部分 $Fe_2O_3$ 被还原成 FeO 或 $Fe_3O_4$，$Fe^{2+}$ 比 $Fe^{3+}$ 具有更强的助熔作用，更易与 $SiO_2$ 等反应生成多种含铁矿物质并形成低温共熔体，从而使煤灰的熔点降低。

煤灰中的矿物组分在高温热转化过程中发生的物理化学反应也是影响其熔融特性的关键因素。杨建国等[18] 认为，神木煤和淮南煤的灰熔点差异来源于煤热转化过程中矿物质的演变，神木煤中钙黄长石与钙长石发生低温共熔，导致其灰熔点降低，如反应式（1-4）至反应式（1-5）所示，而淮南煤灰熔点高是因为生成了莫来石，如反应式（1-6）所示。芦涛等[19] 利用 X 射线衍射（XRD）探讨了九种不同煤样在熔融过程中矿物质的变化及其对灰熔融温度的影响。结果表明，煤中铁钙辉石和钙长石的生成降低了灰熔点，见反应式（1-5）和式（1-7），而莫来石的生成是提高灰熔点的主要原因。Bai 等[20] 认为，随着温度的升高，煤灰中的矿物质逐渐向非晶态转化，当温度超过 1 000 ℃时，高岭石是灰中的主要矿物质，并转化为莫来石和 $SiO_2$，当温度达到 1 300 ℃时，钙黄长石和镁黄长石是煤灰中主要的晶体物质，当温度超过 1 400 ℃以后，铁系晶体成为煤灰中的主要产物。杨建国等[21] 从矿物学角度分析了神木煤灰的熔融特性，研究发现，神木煤灰在熔融前含 $SiO_2$、$Fe_2O_3$、钙铁辉石、易变辉石、柱沸石和钙黄长石等矿物质，这些矿物质之间相互作用发生了低温共熔，而当配入平朔煤后，其灰样内富含的 Si、Al 氧化物改变了低温共熔体的组成，莫来石的含量增加，钙长石含量逐渐减少，改善了煤灰的熔融特性。同时，对于 $Fe_2O_3$ 而言，当温度达到 900 ℃以后，煤灰中的 $Fe_2O_3$ 与 CaO、$SiO_2$ 和 $Al_2O_3$ 等反应生成钙铁辉石、硬绿泥石等，进一步形成三元或四元低温共熔体，如反应式(1-8)至反应式(1-9)所示。李帆等[22]利用三元相图理论研究了煤灰中矿物组分与其熔融特性的关系，结果表明，在高温下三元相图中的矿物成分与实验结果基本一致。

$$Al_2O_3 \cdot 2SiO_2(\text{偏高岭石}) + 2CaO \longrightarrow 2CaO \cdot Al_2O_3 \cdot 2SiO_2(\text{钙黄长石}) \tag{1-4}$$

$$Al_2O_3 \cdot 2SiO_2 + CaO \longrightarrow CaO \cdot Al_2O_3 \cdot 2SiO_2(\text{钙长石}) \tag{1-5}$$

$$3(Al_2O_3 \cdot 2SiO_2) \longrightarrow 3Al_2O_3 \cdot 2SiO_2(\text{莫来石}) + 4SiO_2 \tag{1-6}$$

$$FeO + Al_2O_3 \longrightarrow FeAl_2O_4(\text{铁铝尖晶石}) \tag{1-7}$$

$$CaO + 2SiO_2 + Fe_2O_3 \longrightarrow CaO \cdot Fe_2O_3 \cdot 2SiO_2(\text{钙铁辉石}) \tag{1-8}$$

$$Al_2O_3 \cdot SiO_2 + Fe_2O_3 \longrightarrow Al_2O_3 \cdot SiO_2 \cdot Fe_2O_3(\text{硬绿泥石}) \tag{1-9}$$

#### 1.1.2.2 *灰熔点调控方式*

配煤和掺烧添加剂是调控煤灰熔融特性的重要手段。张龙等[23]采用配煤和掺烧添加剂两种调控手段研究其对灰熔融特性的影响，结果表明，两种调控手段对灰熔点的影响截然不同，这是因为矿物组分的差异及高温转化过程中元素的赋存形态发生显著变化。

Qiu 等[24]比较了三种单煤及其配煤的灰熔融特性的变化，结果表明，配煤的灰熔点与配煤比例和单煤的灰熔点不是简单的线性关系，配煤灰熔点降低的本质原因是生成了低温共熔体，且实验结果与 $SiO_2$-$Al_2O_3$-CaO 三元相图结果相一致。焦发存等[25]将高熔点的淮南煤与不同比例的低熔点煤混合并研究不同温度下的矿物组分变化，结果表明，石英、铁橄榄石和钙长石共存时，会发生低温共熔现象，使得混合煤灰的熔点降低。陈玉爽等[26]通过量子化学计算和实验相结合的手段解释了高灰熔点煤与低灰熔点煤配合后降低灰熔点的机理，低灰熔点煤中的 $Ca^{2+}$ 作为电子受体进入高熔点的莫来石晶格中，使晶格发生重组，$Ca^{2+}$ 位于 $[SO_4]^{4-}$ 和 $[AlO_4]^{5-}$ 两种四面体之间，与 O 配位的 Ca 原子削弱了莫来石的 Si—O 键，使分子网格结构松散，配煤后的灰熔点降低，如反应式(1-10)至反应式(1-11)所示。卢丹等[27]根据三元相图理论分析了配煤对灰熔融特性的影响，提出配煤总体是一个降低灰熔点的过程，这是因为煤灰中的矿物种类越多，越接近相图中心即低温共熔区，而只有配入富含勃姆石的煤才能使混煤灰熔点提高。

$$\equiv Si—O—Si\equiv + MO \longrightarrow \equiv Si—O—M—O—Si\equiv \tag{1-10}$$

$$\equiv Si—O—Si\equiv + MO \longrightarrow 2(Si—O^-) + M^{2+} \tag{1-11}$$

Song 等[28]认为，煤灰中配入较多的酸性氧化物($SiO_2$ 和 $Al_2O_3$ 等)有利于提高酸碱比(A/B)，当 A/B≥2.0 时，煤灰中生成大量的莫来石，有助于提高灰熔点。马永静等[29]通过向高熔点的阳泉煤中添加 MgO、$Na_2CO_3$ 等碱金属化合物，分析了 $Mg^{2+}$ 和 $Na^+$ 的助熔效果，并认为 $Mg^{2+}$ 和 $Na^+$ 的配入使桥氧断裂，非桥氧数量增多，[$SiO_4$]的链接方式变为链状、岛状等，灰中低聚物含量提高，从而降低了灰熔点。马岩等[30]比较了高岭土、刚玉等添加剂对准东煤灰熔融性的影响，调节了准东煤灰的 $SiO_2/Al_2O_3$ 比例，结果表明，准东煤的灰熔点随着硅铝比减小而逐渐升高，这是因为煤中多余的 $Al_2O_3$ 消耗了准东煤中的 CaO 生成了钙矾石，进而生成钙铝榴石，显著提高了准东煤的灰熔点，见反应式(1-12)至反应式(1-13)。

$$3CaO + Al_2O_3 + 3CaSO_4 \longrightarrow 3CaO \cdot Al_2O_3 \cdot 3CaSO_4 \text{(钙矾石)} \tag{1-12}$$

$$3CaO \cdot 3Al_2O_3 \cdot CaSO_4 \longrightarrow 3(CaO \cdot Al_2O_3)\text{(钙铝榴石)} + CaO + SO_3 \tag{1-13}$$

### 1.1.3 准东煤中 AAEM 对热解行为的影响

#### 1.1.3.1 外加 AAEM 对煤热解的影响

Zou 等[31]比较了几种金属氯化物对霍林河褐煤脱灰后热解行为的影响，结果发现，KCl 促进了煤中有机质向轻质挥发物的转化，而 $CaCl_2$ 起阻碍作用，$Ca^{2+}$ 降低了 $CO_2$、CO、单环芳烃、酚类、羧酸盐及脂肪烃等轻质组分的产率，而 $K^+$ 则提高了脂肪烃产率，其催化活性中心来源于 AAEM 与含氧阴离子之间的相互作用。Zeng 等[32]认为，Na、Ca、Mg 和 Fe 的氧化物均对焦油的裂解具有显著的催化作用，且 Ca 和 Fe 的效果优于 Na 和 Mg。Lin 等[33]比较了 CaO 和 $Ca(OH)_2$ 对日本次烟煤热解行为的影响，结果发现，两种催化剂均提高了热解气产率，同时，$H_2$ 的析出峰移动至 923～973 K 且占热解气的 80%，这是因为煤中的水蒸气被 CaO 传递至高温区，在高温下 $H_2O$ 与煤焦反应生成 $H_2$ 和 CO。Yan 等[34]研究了原煤、酸洗煤和负载 AAEM 煤热解的液相产物特性，结果发现，AAEM(包括 K、Na、Ca 和 Mg)均能催化焦油中酚类和缩合芳烃的裂解，使得轻质芳烃的产率显著升高。Shevkoplyas 等[35]发现，经过 KOH 溶液浸渍处理后的煤化学结构发生了改变，当热解温度为 500 ℃时，其液态产物产率明显提高。

#### 1.1.3.2 内在 AAEM 对煤热解的影响

Reichel 等[36]研究了三种褐煤脱矿物质后的热解产物变化规律，结果发现，煤样脱矿物质后热解水产率升高，气相产物 $CO_2$ 产率降低，而 CO 产率升高，这与酸洗过程中钙的脱除有关。Bai 等[37]采用 HCl 和 HF 分别对锡盟褐煤、伊宁烟煤及晋城无烟煤三种煤进行脱矿处理，并比较了酸洗前后煤样热解焦油中酚类化合物的变化规律，结果发现，酸洗处理后，煤焦油中酚类化合物总量增加，矿物组分的存在促进了较大分子酚类向较小分子酚类的转化，$Fe_2O_3$ 和 CaO 有助于催化邻苯二酚侧链的断裂，促进小分子酚类的生成。杨会民等[38]比较了酸洗和外加 Na、Ca 和 Fe 添加剂对宁夏宁武煤热解产物的影响，结果表明，煤中的固有矿物质和外加矿物质均降低了宁武煤热解的初析温度和峰值温度，在低温段促进了 $CH_4$ 的释放，在高温段抑制了 $H_2$ 的形成，而 Na 和 Fe 在低温段对 CO 和 $CO_2$ 的生成均存在促进作用，而在高温段抑制作用明显。Hayashi 等[39]研究了澳大利亚 Yallourn 褐煤脱灰后的快速热解行为，结果表明，酸洗脱除灰中的 Ca、Mg、Fe 和 Na 等矿物质后，其液相产物焦油产率增加，但焦油中脂肪碳向芳香碳的转化几乎不变。

## 1.2 油页岩热转化研究进展

油页岩是一种含有机质于矿物质骨架内的可燃性沉积岩，其密度在 1.4～2.7 $g/cm^3$ 之间，含油率一般大于 3.5%，发热量约为 3 000～4 000 kcal/kg，是一种低热值的化石燃料。由于沉积环境的差异，油页岩中有机质和无机质的相对含量不同，通常油页岩中有机质的含量较低(≤35%)而无机矿物质的含量较高(50%～85%)。有机质干酪根是一种具有三维网状结构的复杂大分子，有机质以脂肪族结构为主，芳香族结构较少[40-41]。油页岩中无机质组分主要为石英、白云母、高岭石和方解石等，部分地区还伴有少量的菱铁矿。油页岩的颜色主要呈灰色、褐色和黑色。总的来说，油页岩的颜色主要取决于有机质的颜色，通常，其颜色越深，表明有机质富集越多，产油率越高。

### 1.2.1 油页岩热解机理研究

#### 1.2.1.1 干酪根热解机理

油页岩中的油母质干酪根是以脂肪烃为主的三维网状大分子结构存在的。许多学者认为，干酪根的热解机理为：干酪根在一定温度下转化为线性高分子不溶物，线性高分子不溶物在高温下分解成沥青质和干馏气，其中沥青质再分解生成页岩油、干馏气和残渣，热解过程中同时伴随着矿物质的分解。在低温阶段主要生成 $CO_2$、CO、$H_2S$ 等气态产物，随温度的升高，沥青质分解并生成页岩油和页岩气。在低温下有机质官能团上不稳定的羧基(—COOH)、醚键(C—O—C)和羰基(C═O)等活性基团受热断裂并生成自由基，自由基之间结合生成小分子化合物。当热解温度达到 300 ℃左右时，$CH_4$ 开始释放，$CH_4$ 来源于脂肪链和芳香环侧链上甲基或甲氧基的断裂。随着温度的进一步升高，页岩油开始形成，并在 450～500 ℃时达到峰值，此时热解碎片从脂肪烃和氢化芳环中析出氢，然后结合并形成芳香族化合物。随着热解温度继续升高，焦油产率则降低，这是由于二次裂解反应加剧。当温度达到 600 ℃时，油页岩有机质基本热解完成，温度进一步升高，矿物质开始分解。油页岩热解残渣以聚合芳香结构为主，随温度的升高，芳环结构含量增加，当温度达到 450 ℃时，出现芳香质子的吸收峰，亚甲基(—$CH_2$)、甲基(—$CH_3$)、—C═O 和—COOH 的振动峰减弱，直到高温时消失。

#### 1.2.1.2 干酪根热解反应

Pan 等[42]根据油页岩的热解反应机理提出了吉木萨尔油页岩的热解反应路径。

(1) 初次反应

干酪根→$H_2$＋$H_2O$＋小分子气态烃类(C1～C4)＋轻质油(C5～C8)＋中间沥青质

中间沥青质→小分子气态烃类(C1～C4)＋重油(C5～C18＋)＋残渣

(2) 二次反应

裂解反应：(C5～C8)→(C4～C6)

聚合反应：(C4～C6)＋烯烃类→环状烯烃类

环状烯烃类＋炔烃类→芳香族环烃类

(3) 附加反应

烃类＋水→$CH_4$＋$CO_2$

C＋$H_2O$→$H_2$＋CO

CO＋$H_2O$→$CO_2$＋$H_2$

$CO_2$＋C→2CO

#### 1.2.1.3 热解的自由基反应

自由基反应是烃类形成的主要来源，烃类热解和生成的自由基机理是一个连锁反应，其反应路径如下[43]。

① 引发反应，是某一活化分子的裂解或脱氢，如：

$$R_1H \rightarrow R_2\cdot + R_3\cdot \text{ 或 } R_1H \rightarrow R_1\cdot + H\cdot$$

② 相继反应，自由基 $R_2\cdot$ 与 $R_3\cdot$ 夺取反应物 $R_1H$ 上的氢原子，形成自由基 $R_1\cdot$。

$$R_2\cdot + R_1H \rightarrow R_1\cdot + R_2H$$

$$R_3\cdot + R_1H \rightarrow R_1\cdot + R_3H$$

自由基 $R_1\cdot$ 在β位断裂，形成α—烯烃与自由基 $R\cdot$

$$RCH_2CH_2\cdot \rightarrow R\cdot + CH_2=CH_2$$

或在自由基的第5～6个键以远处分子内失氢，形成新的自由基

$$RCH_2(CH_2)_5CH_2\cdot \rightarrow RC\cdot H(CH_2)_5CH_3$$

③ 自由基的再结合，使连锁反应中断，形成裂解产物：

$$R_1\cdot + R_3\cdot \rightarrow R_1R_3(\text{或 } R_1R_1, R_3R_3)$$

$$RCH_2\cdot + H\cdot \rightarrow RCH_3$$

## 1.2.2 油页岩热解影响因素

### 1.2.2.1 油页岩自身特性的影响

（1）固有矿物质的影响

油页岩中的矿物质和有机质相互交联在一起，固有矿物质对有机质的裂解有一定的促进或抑制作用。用酸洗法脱除油页岩中的矿物质能影响有机质干酪根的生烃潜力。同时，酸洗脱灰使油页岩致密网状结构坍塌，在油页岩热分解过程中，以长链和网状结构为主的油母质更容易从这种蓬松结构中释放出来，从而提高了油母质的转化率和油页岩的出油率，有利于油气的析出。脱灰后的油页岩只在200～600 ℃有一个比较明显的失重过程，水分和碳酸盐的失重峰消失。Chang 等[44]通过对比脱除碳酸盐和硅酸盐前后太姥油页岩的热解行为发现，固有矿物质碳酸盐可以促进页岩油的生成，而固有硅酸盐起抑制作用，具体表现为：固有硅酸盐可促进脂肪族烃的裂解和芳构化，而碳酸盐则抑制了长链脂肪烃的裂解。Gai 等[45]比较了内在和外加黄铁矿对油页岩热解行为的影响，结果表明，在热解温度低于540 ℃时，固有黄铁矿能够加快油页岩热解速率，提高页岩油产率，同时降低热解气产率。研究者认为这些效应与黄铁矿中的硫有关。张丽丽等[46]比较了铜川油页岩脱灰前后所得样品的热失重行为，结果发现，脱灰后的铜川油页岩最大失重速率降低，这说明固有矿物质对油页岩的热解具有一定的催化作用，同时，脱灰后的铜川油页岩热解气相产物CO、$CH_4$和$C_nH_m$的产率均有所下降。

（2）粒度的影响

油页岩的粒径主要影响热解过程的传热和传质，有关油页岩粒径对油页岩热解行为的影响，不同的学者得到的结论不同。一些学者认为，油页岩粒度越小，其颗粒中心越容易达到目标温度，可以提高加热速率，缩短加热时间，减缓了因挥发分在颗粒中停留时间过长而导致的二次裂解，有利于页岩油的生成。油页岩粒度过大，会造成颗粒中心和表面存在较大的温度梯度，到达热解终温所需的时间延长，挥发分在颗粒中的停留时间延长，二次裂解反应加剧，有利于热解气的生成。另有一些学者认为，油页岩颗粒细小，其堆积结构通常较为致密，导致挥发分逸出孔道狭窄，扩散阻力增加，进而降低了页岩油收率，同时，在油页岩破碎过程中，有机质干酪根倾向于富集在大粒径的颗粒中，而小粒径中的有机质富集较少。孙

佰仲等[47]对粒度分别为0～0.2 mm、0.2～3 mm、3～6 mm的三个油页岩样品进行页岩油产率测定，结果表明，在升温速率为15 ℃ /min、热解终温为510 ℃并恒温20 min条件下，油页岩粒度为0.2～3 mm时的页岩油产率最高。Nazzal等[48]采用半连续流化床与固定床反应装置研究粒径对Sultani油页岩热解产物的影响，结果表明，随着粒径从0.2～0.6 mm增大至3.33～5.6 mm，页岩油产率增加，且页岩油中C、H含量增多，氮含量减小。此外，页岩油中的脂肪烃含量随粒径的增大而增多，而多环芳烃含量随粒径增大而减小。粒度对油页岩热解产物分布的影响会因油页岩自身性质和热解工艺条件(包括加热方式、热解炉型等)的不同而不同，因此，不同性质的油页岩在采用不同的热解工艺时，所选取的油页岩粒度也不同。如SJ型干馏炉热解工艺需要的油页岩粒度为2～80 mm之间，而瓦斯全循环油页岩热解工艺所使用的油页岩粒度为0～6 mm和6～50 mm两种。

#### 1.2.2.2 热解条件的影响

(1) 热解温度的影响

温度是影响油页岩热解过程的关键因素之一，不同的热解终温下，油页岩热解的产物分布及组成不同。当温度在200～600 ℃时，油页岩中的有机质干酪根发生分解，并释放出大量的挥发性油气。在一定的温度范围内，页岩油产率随着热解温度的升高呈先增加后减少的趋势，页岩油主要在450～600 ℃时析出。随着热解温度进一步升高，二次裂解反应加剧，部分产物裂解生成气体，部分产物缩聚成芳香烃类化合物并形成残炭，导致液体产物产率减少。在以获得页岩油为目的热解过程中，热解终温可控制为480～580 ℃，这与油页岩变质程度和热解工艺有关，较为合适的热解终温可降低油气的二次裂解反应。

(2) 升温速率的影响

升温速率主要影响油页岩热解过程的传热行为，适宜的升温速率有助于提高热解反应效率，调控热解产物的分布及组成。在一定范围内适当地提高升温速率可提高挥发分的析出速率，同时可减少二次裂解反应，进而提高页岩油产率。而升温速率过高，热解过程会发生“热滞”现象，油页岩热解过程向高温区移动，使得页岩油在高温下二次裂解，从而降低页岩油产率。Wang等[49]研究了升温速率对油页岩热失重的影响，结果发现，升温速率越高，最大失重速率对应的温度升高，而250～600 ℃之间的失重量降低。Nazzal等[50]研究了终温为520 ℃时不同升温速率下Jordan油页岩的热解行为，结果表明，当升温速率从2 ℃/min增大至10 ℃/min时，页岩油产率增加，随着升温速率进一步增大，页岩油产率略有下降。同时，随着升温速率的增加，烃类气体产量持续增加。Al-Harahshen等[51]研究了升温速率对El-lajjun油页岩热解油产率和组成的影响，研究发现，提高升温速率使得页岩油中脂肪烃的含量增加，当升温速率为2.5 ℃/min时，页岩油中正构烷烃(C10～C32)的浓度达到最大值，为9.9%(以质量计)。同时，升温速率对页岩油的H/C原子比和硫含量影响较小。

(3) 热解气氛的影响

不同气氛下油页岩的热解产物有较大的差异，气氛主要影响热解挥发物的二次反应。Nazzal等[52]将热解气氛中的氮气配入一定量的水蒸气，结果发现，水蒸气的存在可以提高焦油的产率。同时，水蒸气的加入增加了油页岩热解油中非极性链烃和芳香烃的含量。氢气或甲烷气氛对油页岩热解具有促进作用，外来氢源具有较强的攻击能量，使热解过程中自由基快速稳定，氢气或甲烷能够提供氢自由基和甲基自由基，它们快速与干酪根分解的自由基碎片结合，促进了挥发分的释放，同时抑制了聚合反应，提高了页岩油产率。氢气的存在使油页岩热解失重峰前移，失重量和失重速率均提高。

(4) 催化剂的影响

催化热解是油页岩综合高效利用研究中的新兴方向。在热解过程中，添加催化剂可以改变热解反应机理或路径，降低热解反应活化能，增加热解转化率，提高反应速率。常见的热解催化剂有金属类(包括碱金属 Na 与碱土金属 Ca 等、过渡金属 Fe 和 Co 等)、黏土类矿物质以及分子筛类催化剂等，选取合适的催化剂可以提高页岩油产率，改善页岩油品质。

Ballice 等[53]认为，AAEM 的碳酸盐对油页岩热解有促进作用，AAEM 在热解过程中与有机质形成了 AAEM—O 复合物，生成的复合物在油页岩的表面，为油页岩的热解反应提供了活性位，对热解反应起到促进的作用。Jiang 等[54]选取过渡金属 $CoCl_2 \cdot 6H_2O$ 作为油页岩热解催化剂，以提高页岩油的产率。在 $CoCl_2 \cdot 6H_2O$ 作用下，页岩油产率提高至 22.17%。研究者认为，$Co^{2+}$ 可以作为活性中心加速干酪根中化学键的分解，$Co^{2+}$ 的加入大大提高了芳香烃的选择性，促进了烯烃的芳构化，增加了页岩油中芳香烃的含量。王擎等[55]研究了蒙脱石对三个地区的油页岩干酪根热解行为的影响，结果表明，蒙脱石对干酪根热解的促进作用发生在 440 ℃以后。随着蒙脱石比例的升高，干酪根热解产物中甲基与亚甲基的比值增大，蒙脱石的存在使干酪根的热解活化能降低，同时发现蒙脱石在干酪根热解过程中存在物理吸附和裂解催化两种作用。Hu 等[56]比较了方解石、高岭石、石膏和蒙脱石对油页岩干酪根热解特性的影响，结果发现，蒙脱石和石膏对干酪根热解具有很强的催化活性，促进了页岩油的形成，降低了残渣产率；蒙脱石和高岭石的存在使干酪根生成的烃类向低分子烃类转化；方解石抑制了页岩油的形成。Gai 等[45]通过外加黄铁矿来催化油页岩热解反应，结果发现，黄铁矿能够促进油页岩的热解转化率，在热解温度为 500 ℃时，添加 8%的黄铁矿后油页岩的热解油和气产率分别提高 4.5%和 3.3%。Williams 等[57]将油页岩在固定床间歇式反应器中热解，并将产生的油气通入含有沸石 ZSM-5 催化剂的第二反应器，结果发现，在催化剂作用下，页岩油的产率降低，烃类气体和焦的产率增高，页岩油中的长链烷烃和烯烃裂解成短链，使页岩油中的轻质组分增加，同时，氮和硫含量显著降低，提高了页岩油品质。张德法[58]选取 HZSM-5 分子筛和 HY 分子筛作为油页岩热解催化剂，发现当分子筛添加量为 4%时，两种分子筛使得页岩油产率分别提高 8.42%和 3.30%，而热解气产率下降，分析认为，分子筛对油页岩热解生成的氢气具有吸附和解离作用，分子筛的添加使氢自由基的生成量增加，自由基碎片和氢自由基结合使页岩油产率增加。

### 1.2.3　油页岩燃烧特性研究

为了充分利用油页岩中的油气资源，油页岩主要的利用方式为干馏产油。但由于部分地区的油页岩虽然开采成本较低，但运输成本较高，或部分地区的油页岩含油率较低，因此，也将油页岩用于当地电厂燃烧发电。油页岩的燃烧方式包括直接燃烧和间接燃烧，间接燃烧又包括三种方式，第一种为将油页岩干馏后产生的半焦用于燃烧；第二种为将油页岩/半焦与煤、生物质等燃料共燃烧；第三种为将油页岩/半焦添加催化剂进行催化燃烧。

#### 1.2.3.1　*油页岩直接燃烧*

油页岩的燃烧是油页岩在氧化气氛下受热分解后再发生氧化反应并释放热量的过程。油页岩的燃烧过程包括以下 6 个步骤：① 水分的脱除；② 干酪根的热分解；③ 沥青质分解为挥发性油气；④ 挥发性油气的氧化燃烧；⑤ 固定碳的氧化燃烧；⑥ 矿物质的分解。油页岩的着火点较低，属于易燃化石燃料，其燃烧主要为初期阶段的挥发分的燃烧，燃烧性能较好，但由于油页岩的灰分较高，阻碍了传热和碳转化，因此燃烧后期的燃烧反应性较差，燃尽点较高，不易燃尽。油页岩的热值低、灰分高，燃烧性能远低于煤，燃烧后产生的大量灰分难以处理，造成锅炉过热器堵塞、省煤器积灰等。因此，很少有电厂将其用于直接燃烧。

1.2.3.2　油页岩间接燃烧

油页岩燃烧的主要方式是将油页岩或热解半焦与煤、生物质等进行共燃烧，并且共燃烧过程可能产生一定的协同效应。Fan 等[59]考查了城市固体废弃物对油页岩燃烧特性的影响，结果表明，当固废比例超过 70%时，二者之间表现出促进作用，燃烧特性指数显著提高；当固废比例为 70%时，共燃烧活化能最低。Liu 等[60]将油页岩半焦与不同烘干程度的玉米秸秆进行共燃烧，结果发现，烘干温度为 275 ℃的玉米秸秆对油页岩半焦燃烧性能的协同效应最为显著，且活化能最低，这是因为在该温度下玉米秸秆中的半纤维素和木质素含量最高。Lin 等[61]研究了污泥和油页岩的共燃烧行为，结果发现，添加污泥后降低了油页岩的着火点，当污泥的配比为 10%时，对油页岩的燃烧行为表现出最佳的促进作用，且活化能最低，同时这种促进作用发生在高温区。张灿[62]向油页岩中加入一定比例的油茶壳后发现，混合燃料燃烧时着火点提前，燃烧反应更剧烈，燃尽率提高，油页岩的燃烧性能显著改善，同时燃烧活化能降低。研究者认为，这些改善效果归因于油茶壳中碱金属的催化作用。

由于油页岩具有较高的灰分，阻碍了燃烧过程中的传质和传热，其燃烧性能较差，而金属催化剂能够促进化石燃料挥发分的析出，使着火点降低，燃烧速率加快，提高其燃烧性能。Guo 等[63]和 Karabakan 等[64]认为，碱土金属碳酸盐的阳离子能和油页岩有机质干酪根形成碱土金属—氧的复合物，进而促进挥发性油气析出。Zhao 等[65]比较了褐煤脱灰前后的燃烧特性，结果发现，Na 和 Ca 对褐煤的燃烧起到显著的催化作用，提高了褐煤的燃烧性能。Hu 等[66]研究了 $Fe_2O_3$、CaO 和 $MnO_2$ 对混煤燃烧反应性的影响，结果发现，这些金属氧化物能促进煤挥发分的析出，使半焦在较低的温度着火，同时提高了煤的燃烧性能。Yan 等[67]认为，油页岩中的矿物质对其燃烧行为的催化作用可总结为两个方面，一方面内在矿物质促进了有机质干酪根分解成挥发物，另一方面挥发物析出后，内在矿物质提供了新的孔道，促进了氧气向颗粒内部扩散，使半焦中的碳燃烧更充分。

## 1.3　煤与油页岩混合热转化研究进展

### 1.3.1　煤与油页岩共热解研究

近年来，不同类型燃料的混合热转化技术越来越引起国内外学者的关注，其中油页岩与煤、生物质等共热解过程的协同效应是研究热点之一。一方面，油页岩为富氢燃料（H/C 原子比较高），其热解产生的页岩油以脂肪烃为主，轻质组分含量较高，品质接近天然石油。而煤为贫氢燃料（H/C 原子比较低），其热解产生的焦油重质组分含量较高，品质较差。通过油页岩和煤共热解，可以有效利用油页岩中的富氢组分实现原位供氢，进而产生协同效应，提高共热解油的产率和品质。另一方面，该过程还能充分利用油页岩或煤中固有的矿物组分作为有机质裂解的催化剂，促进挥发性油气析出并改善热解油的品质。

石勇等[68]研究了神木烟煤和桦甸油页岩的共热解特性，结果发现，二者共热解的失重量高于理论加权值，当油页岩和煤的比例为 1∶1 时，热解油收率最高，比加权值增加了 8.8%。研究者认为，油页岩中的富氢组分抑制了芳香族化合物的聚合反应，促进了芳香烃向热解油转化。Miao 等[69]利用热重分析仪，选用五种变质程度的煤样分别与油页岩进行共热解研究。实验结果发现，在相同的混合比例下，高挥发分、低水分和低灰分的低阶煤与油页岩共热解更易产生协同效应，而高水分的中高阶煤与油页岩共热解时，协同效应则较弱。Ekinci 等[70]将褐煤与两种油页岩在固定床中进行共热解实验，研究发现，在油页岩掺混比例较多的条件下，褐煤与油页岩共热解产生显著的协同效应，油收率和品质均得到提升。宋永辉等[71]采用微波加热技术，研究了低变质煤与油页岩共热解特性。研究发现，提高配煤比例，热解油收率相应提高，但热解油中烷烃和烯烃的含量降低，热解气中有效可燃气体 $CO$、$CH_4$ 和 $H_2$ 的含量提高。He 等[72]采用固体热载体法考查了龙口油页岩和霍林河褐煤的共热解行为，结果产生了增油减水的效果。实验表明，当热解温度为 510 ℃、褐煤比例为 20%时，热解油产率比加权值增加了 11.6%，热解水含量降低了 36%。研究者认为，协同效应来源于氢的转移。Li 等[73]比较了两种不同变质程度的煤（褐煤和烟煤）对油页岩热解过程的影响。结果发现，褐煤和油页岩共热解过程中产生了协同效应，并将其归因于褐煤的高挥发分。当烟煤比例较高时，烟煤对油页岩热解产生抑制作用；而当油页岩比例超过 50%时，烟煤则表现出促进作用。

### 1.3.2 煤与油页岩共燃烧研究

油页岩的燃烧性能较差，在油页岩中掺混一定比例的煤可以提高其燃烧特性。晏建波等[74]对油页岩掺混煤进行共燃烧实验，结果表明，油页岩掺混一定比例的煤有助于油页岩的平稳燃烧和充分燃烧，同时降低了固定碳燃烧阶段的活化能。李萍等[75]将油页岩半焦分别与额吉煤、夹河煤、新庄煤、临涣煤和龙口煤混合燃烧，结果表明，额吉煤对改善油页岩半焦燃烧特性效果最佳，且随着额吉煤比例的增加，共燃烧的热失重曲线向低温区移动，燃烧性能逐渐提高。田红等[76]进行了油页岩与煤混烧热重实验研究，得出油页岩与适当比例的煤混合燃烧的燃烧性能和着火性能优于油页岩单独燃烧的，而活化能低于油页岩单独燃烧的结论。于海龙[77]等利用热重分析仪进行了油页岩与煤的混合燃烧实验，结果表明，向高硫煤中加入一定比例的含钙油页岩，可起到一定的脱硫效果，同时高硫煤的燃烧特性得到改善，其挥发分初析温度和着火点均降低。Sun 等[78]采用热重分析研究了油页岩半焦与烟煤共燃烧动力学特性，发现油页岩半焦与烟煤单独燃烧的反应机理函数为三维扩散模型(D)，而二者的共燃烧过程为随机成核生长模型(A)，机理函数发生显著改变，同时随着烟煤比例的升高，共燃烧反应活化能降低。

## 1.4 化石燃料热转化动力学研究进展

### 1.4.1 动力学分析基础理论

化石燃料热解/燃烧动力学利用热重分析仪在等温或非等温条件下对化石燃料的转化率、化学反应速率及反应机理进行研究，并求得热转化过程的“动力学三因子”，即活化能

($E$)、指前因子($A$)和机理函数[$f(\alpha)$]。前人做了大量的研究,得到了比较系统的求解化石燃料热转化动力学的方法和步骤,并广泛应用于煤[79]、油页岩[80]、生物质[81]、城市固废[82]等热转化过程分析,对指导工业生产、优化工艺参数具有重要的指导意义。

化石燃料在升温过程中发生热分解生成挥发性气体和固体产物,这种热转化过程属于非等温过程的非均相反应体系[83]。因此,需要将均相反应中的浓度($c$)调整为转化率($\alpha$),将非等温过程划分为无数个极小的等温过程[84]。再根据阿伦尼乌斯(Arrhenius)方程,其化学反应速率公式为:

$$\alpha = \frac{m_0 - m_t}{m_0 - m_f} \tag{1-14}$$

$$\frac{\mathrm{d}c}{\mathrm{d}t} = k(T) \cdot f(c) \Rightarrow \frac{\mathrm{d}\alpha}{\mathrm{d}t} = k(T) \cdot f(\alpha) \tag{1-15}$$

式中 $\alpha$——转化率;

$m_0$——初始样品质量;

$m_t$——$t$ 时刻时样品的质量;

$m_f$——结束时样品的质量;

$c$——样品浓度;

$t$——反应时间;

$k(T)$——反应速率常数;

$f(c)$,$f(\alpha)$——以浓度和转化率计算的机理函数;

$\mathrm{d}c/\mathrm{d}t$,$\mathrm{d}\alpha/\mathrm{d}t$——以浓度和转化率计算的反应速率。

Arrhenius 方程可表示为:

$$k(T) = A \cdot \exp\left(-\frac{E}{RT}\right) \tag{1-16}$$

式中 $A$——指前因子;

$E$——反应活化能;

$R$——气体常数,$R=8.314$ J/(mol·K);

$T$——热力学温度。

将 Arrhenius 方程代入式(1-15),对于非等温过程,选择恒定的升温速率 $\beta=\mathrm{d}T/\mathrm{d}t$,化学反应速率可表示为:

$$\frac{\mathrm{d}\alpha}{\mathrm{d}t} = A \cdot \exp\left(-\frac{E}{RT}\right) \cdot f(\alpha) \tag{1-17}$$

$$\frac{\mathrm{d}\alpha}{\mathrm{d}T} = \frac{A}{\beta} \cdot \exp\left(-\frac{E}{RT}\right) \cdot f(\alpha) \tag{1-18}$$

### 1.4.2 动力学分析方法

式(1-17)和式(1-18)适用于非等温非均相反应体系的动力学参数求解,而动力学参数求解方法可以分为微分法和积分法,其中微分法是采用转化率的微分形式求解,所用数据来源于微商热量法(DTG),如 Freeman-Carroll 法。DTG 曲线受外界因素波动较大,利用其求得的动力学参数结果准确性较差[85]。而积分法则是利用转化率自身求解,数据来源于热重分析(TG),直接可靠,计算结果准确性较高,如 Coats-Redfern 法。

机理函数 $f(\alpha)$的积分形式为：

$$G(\alpha)=\int_0^{\alpha}\frac{1}{f(\alpha)}\mathrm{d}\alpha=\frac{A}{\beta}\int_{T_0}^{T}\exp\left(-\frac{E}{RT}\right)\mathrm{d}T \tag{1-19}$$

式中 $G(\alpha)$——机理函数的积分形式；

$T_0$——反应初始温度。

动力学参数求解的方法分为单一扫描速率法和多重扫描速率法。单一扫描速率法利用一条 TG 曲线数据求解动力学参数，该方法需预先假设反应的机理函数 $f(\alpha)$，如 Coats-Redfern 法[86-87]。多重扫描速率法则利用多个升温速率下的不同 TG 曲线数据在相同转化率下求得动力学参数，因此也叫作等转化率法[88]，该方法无须预先假设反应的机理函数，如 Starink 法和 Flynn-Wall-Ozawa(FWO)法[89-90]。因此，本文采用等转化率法求解准东煤与油页岩单独热转化及共转化过程动力学参数。

准东煤与油页岩单独热转化及共转化过程的热重实验分别采用 5 ℃/min，10 ℃/min 和 20 ℃/min 的升温速率进行。本文采用较为常见的 Starink 法和 FWO 法进行动力学参数求解。

Starink 方程的近似表达式为：

$$\ln\frac{\beta}{T^{1.92}}=C_s-1.0008\frac{E}{RT} \tag{1-20}$$

式中 $C_s$——常数。

FWO 方程的近似表达式为：

$$\ln\beta=\ln\frac{AE}{RG(\alpha)}-5.331-1.0516\frac{E}{RT} \tag{1-21}$$

采用不同升温速率测得的 TG 曲线，选取同一转化率下($\alpha=0.1\sim0.9$)，不同升温速率对应的温度，利用 $\ln(\beta/T_{\alpha}^{1.92})$和 $\ln\beta$ 分别对 $1/T$ 作图，采用最小二乘法进行线性拟合，得到拟合曲线的斜率分别为$-1.0037E/R$ 和$-0.4567E/R$，进而求得不同转化率下的活化能。

(1) 最概然机理函数的求法

通过比较实验曲线与标准曲线的形状来判断燃料热转化过程的最概然机理函数的方法称为主曲线法。与传统判断机理函数的方法相比，主曲线法更加直观、可信[91]。

在初始温度 $T_0$时，燃料的热转化速率极为缓慢，所以动力学方程的机理函数 $G(\alpha)$的积分下限可近似为零，令 $u=E/(RT)$，则，机理函数转化为：

$$G(\alpha)\approx\frac{A}{\beta}\int_0^{T_0}\exp(-\frac{E}{RT})\mathrm{d}T=\frac{AE}{\beta R}P(u) \tag{1-22}$$

式中 $P(u)$——温度的积分。

式(1-22)中温度的积分没有解析式，一般采用近似式求解，不同积分方法得到的近似式不同，本书采用 Dolye 法来求得温度积分[92-93]，其表达式为：

$$P(u)=0.00484\cdot\exp(-1.0516u) \tag{1-23}$$

利用等转化率法求出活化能 $E$，就能进一步求得热转化反应的最概然机理函数，具体计算方法如下[94]。

选取转化率 $\alpha=0.5$ 作为参考点，并代入近似式(1-22)，得到：

$$G(0.5)=\frac{AE}{\beta R}P(u_{0.5}) \tag{1-24}$$

将式(1-22)和式(1-24)相除，得到二者的比：

$$\frac{G(\alpha)}{G(0.5)}=\frac{P(u)}{P(u_{0.5})} \tag{1-25}$$

对于常见的15种动力学模型函数(表1-1)，分别计算其积分形式 $G(\alpha)$ 在转化率 $\alpha$ 处的值与其在 $\alpha=0.5$ 处的值之比 $G(\alpha)/G(0.5)$，并以 $G(\alpha)/G(0.5)$ 对转化率 $\alpha$ 作图，得到一系列标准曲线(主曲线)。再根据不同转化率下求得的活化能的平均值和该转化率所对应的温度 $T$，计算参数 $u$，进而计算 $P(u)$，并以 $P(u)$ 对转化率 $\alpha$ 作图，得到一系列实验曲线。如果整个热转化阶段，不同升温速率下得到的实验曲线互相重合，则说明在该温度范围内的热失重过程可以用单一的动力学机理模型来描述。然后，进一步比较实验曲线与标准曲线的形状，如果实验曲线与某一特定标准曲线重合，则说明该反应的最概然机理函数即为该标准曲线对应的机理函数模型。如果实验曲线与所有标准曲线均未完全重合但变化趋势一致，则说明不能用整数 $n$ 来确定动力学机理函数。

进一步，将从表1-1中选取的机理函数的积分表达式 $G(\alpha)$ 代入式(1-22)，以 $G(\alpha)$ 对 $EP(u)/(\beta R)$ 作图，以步长为0.1适取不同的 $n$ 值，利用最小二乘法拟合得到一条直线，使得线性相关系数 $R^2$ 接近1。该直线截距接近0，斜率为指前因子 $A$，以得到最合适的 $n$ 值，确定该热转化过程的机理函数表达式和指前因子。

**表1-1 常用的固相反应动力学机理函数[95-96]**

| 反应机理 | | 符号 | $f(\alpha)$ | $G(\alpha)$ |
|---|---|---|---|---|
| 级数反应 | 一级反应 | $F_1$ | $1-\alpha$ | $-\ln(1-\alpha)$ |
| | 二级反应 | $F_2$ | $(1-\alpha)^2$ | $(1-\alpha)^{-1}-1$ |
| | 三级反应 | $F_3$ | $(1-\alpha)^3$ | $[(1-\alpha)^{-2}-1]/2$ |
| 扩散反应 | 一维扩散 | $D_1$ | $0.5\alpha^{-1}$ | $\alpha^2$ |
| | 二维扩散 | $D_2$ | $[-\ln(1-\alpha)]^{-1}$ | $(1-\alpha)\ln(1-\alpha)+\alpha$ |
| | 三维扩散 | $D_3$ | $1.5(1-\alpha)^{2/3}[1-(1-\alpha)^{1/3}]^{-1}$ | $[1-(1-\alpha)^{1/3}]^2$ |
| | Ginstling-Brounshtein 方程 | $D_4$ | $1.5[(1-\alpha)^{1/3}]^{-1}$ | $(1-2\alpha/3)-(1-\alpha)^{2/3}$ |
| 相界面反应 | 相界面反应 | $R_1$ | $1$ | $\alpha$ |
| | 二维，收缩圆柱体 | $R_2$ | $2(1-\alpha)^{1/2}$ | $1-(1-\alpha)^{1/2}$ |
| | 三维，收缩球体 | $R_3$ | $3(1-\alpha)^{2/3}$ | $1-(1-\alpha)^{1/3}$ |
| 随机核与核生长 | 随机核化 Avrami-Erofeev 方程Ⅰ | $A_2$ | $2(1-\alpha)[-\ln(1-\alpha)]^{1/2}$ | $[-\ln(1-\alpha)]^{1/2}$ |
| | 随机核化 Avrami-Erofeev 方程Ⅱ | $A_3$ | $3(1-\alpha)[-\ln(1-\alpha)]^{2/3}$ | $[-\ln(1-\alpha)]^{1/3}$ |
| 指数成核 | $n=1/2$ | $P_2$ | $2\alpha^{1/2}$ | $\alpha^{1/2}$ |
| | $n=1/3$ | $P_3$ | $3\alpha^{2/3}$ | $\alpha^{1/3}$ |
| | $n=1/4$ | $P_4$ | $4\alpha^{3/4}$ | $\alpha^{1/4}$ |

# 第 2 章　昌吉油页岩催化热解产物特性及动力学分析

## 2.1　引言

许多学者研究了金属氧化物或矿物质在油页岩热解过程中对页岩油产率的影响，但少有学者关注 AAEM 对油页岩热解过程的影响及催化机理。因此，本章选用乙酸钠、乙酸钙和氧化镁作为油页岩热解催化剂，研究了它们在对油页岩热解行为、产物分布及特性的影响。实验在自行设计的固定床反应器中完成，采用气相色谱(GC)、气相色谱-质谱联用(GC-MS)、傅里叶变换红外光谱(FTIR)和元素分析等方法对油页岩热解产物(页岩气、页岩油和页岩焦)进行表征，并进行动力学分析，求得动力学三因子。

## 2.2　实验部分

### 2.2.1　样品准备

实验所用的煤样为来自新疆准东地区的玛纳斯煤，油页岩样品来自新疆昌吉自治州，分别记为 ZD 和 CJ。这两种燃料均来自新疆地区，运输成本较低，利用二者固有性质将二者共转化，相互促进其热转化行为，对准东煤和昌吉油页岩的清洁高效利用具有重要意义。实验前将两种燃料破碎、研磨至 74 $\mu$m，并放入密封袋中保存。按照国标《煤的工业分析方法》(GB/T 212—2008)和《煤的元素分析》(GB/T 31391—2015)所述的方法对两种样品进行工业分析和元素分析，其结果见表 2-1。

表 2-1　准东煤和昌吉油页岩的工业分析和元素分析

| 样品 | 工业分析/$w_{ad}$% | | | | 元素分析/$w_{ad}$% | | | | | H/C 原子比 |
|---|---|---|---|---|---|---|---|---|---|---|
| | 水分 | 灰分 | 挥发分 | 固定碳 | C | H | O* | N | $S_t$ | |
| ZD | 13.10 | 5.36 | 23.80 | 57.74 | 64.38 | 3.46 | 14.15 | 0.60 | 0.15 | 0.64 |
| CJ | 2.99 | 81.18 | 10.76 | 5.07 | 9.92 | 1.67 | 5.24 | 0.47 | 0.18 | 2.02 |

注：① ad 表示空气干燥基；② O 含量采用差减法求得。

由表 2-1 可知，准东煤具有较高的水分和较低的灰分，灰分低至 5.36%。昌吉油页岩的水分较低，而灰分较高，灰分高达 81.18%，这不利于传热和传质。准东煤的 H/C 原子比较低，而昌吉油页岩的 H/C 原子比较高，为准东煤的 3 倍，这表明油页岩是富氢燃料，而煤是贫氢燃料。准东煤热解产生的焦油 H/C 原子比很低，重质组分含量高，油品较差，而油页岩热解产生的页岩油 H/C 原子比较高，其品质接近"天然石油"，被认为是 21 世纪非常重要的接替能源。进一步测定了昌吉油页岩干酪根的 H/C 比和 O/C 比，分别为 1.39 和 0.14，根据范氏（Van Krevelen）图确定为Ⅱ型干酪根，为高度饱和的多环碳骨架，含中等长度直链烷烃和环烷烃较多，其生油潜力中等。

将油页岩样品破碎并筛分后，取三份 20 g 油页岩样品，分别负载 5%（以离子含量计）的乙酸钠、乙酸钙和氧化镁的催化剂，分别标记为 CJ＋Na、CJ＋Ca 和 CJ＋Mg。并放在烧杯中加入 100 mL 去离子水，在磁力搅拌器上搅拌 24 h，然后在鼓风干燥箱里干燥 12 h 至恒重，烘干后收集样品待热解实验用。

### 2.2.2 热解实验

本实验采用自主设计的固定床热解装置。该装置由温控系统、加热系统、产物收集系统和检测系统组成。实验前，先将干燥后的样品装入葫芦管内，再由葫芦管吹扫通气口持续通入氮气 30 min，保证管内的空气排空，以免部分样品发生燃烧。整个系统保持气密性良好，防止挥发性油气逸出。实验中装入样品量为 20 g，实验温度以 10 ℃/min 的升温速率由室温分别升温至 500 ℃、525 ℃、550 ℃、575 ℃和 600 ℃，油页岩样品在无气氛下热解，并在终温下保持 30 min。油页岩热解产生的挥发性产物经冷凝管冷却，页岩油和水冷凝后由液相收集器收集，根据《石油产品水含量的测定 蒸馏法》（GB/T 260—2016）所述的甲苯共沸法除去水分得到页岩油，称得二者质量。冷凝管内残留的微量页岩油质量由差减法计算得出并加至焦油产率中。气相产物由集气瓶收集，将收集到的气体利用气相色谱检测其中 $H_2$、$CH_4$、$C_2H_4$、$C_2H_6$、CO 和 $CO_2$的浓度；热解的固相产物留在葫芦管中，采用差减法计算其质量。四种产物的产率由式（2-1）和式（2-2）计算得到，并换算为干燥无灰基。

$$Y_i = \frac{M_i}{M} \times 100\% \tag{2-1}$$

$$Y_{gas} = 1 - Y_{oil} - Y_{water} - Y_{char} \tag{2-2}$$

式中 $Y_i$——油页岩热解产物产率，%；

$M_i$——油页岩热解产物质量，g；

$M$——油页岩热解前样品总质量，g。

### 2.2.3 表征方法

采用上海海欣色谱仪器有限公司生产的 GC-950 型气相色谱仪和 GC-9890A 型气相色谱仪对油页岩热解气进行组分测定。GC-950 型气相色谱仪具有两个热导检测器（TCD）和两个通道，其载气为 $H_2$，载气流速为 40 mL/min，进样器温度为 50 ℃，检测器温度和柱温为 40 ℃，热导检测器温度为 80 ℃。用 5A 分子筛色谱柱测定热解气中的 $CH_4$和 CO，用 GD-DX-502 色谱柱测定热解气中的 $CO_2$、$C_2H_4$和 $C_2H_6$。此外，采用 GC-9890A 型气相色谱仪对热解气中的 $H_2$进行分析，其载气为 $N_2$，流速为 40 mL/min，进样器温度、检测器温度和柱温均为 60 ℃。

采用带有自动进样器的安捷伦 7890 气相色谱仪和 5795N 质谱仪测定页岩油组分，并用仪器适配软件对图谱进行分析。气相色谱柱为 HP-5MS(30 m×0.25 mm×0.25 μm)石英毛细管柱。其载气为氦气，流速为 1.0 mL/min，进样量为 0.1 μL，分流比为 100∶1，进样温度为 280 ℃，升温程序为 3 min 升温至 50 ℃，然后以 5 ℃/min 升温至 300 ℃，在终温下保持 5 min；质谱仪的电子轰击(EI)源为 70 eV，进样器和离子源温度均为 280 ℃，质量扫描范围为 40～400 amu。测试结果中化合物和数据库(NIST08 和 NIST08s)进行匹配做定性分析，其相对含量由面积归一法计算得到。

采用 Nicolet 6700 型傅里叶变换红外光谱仪测定油页岩热解固体产物页岩焦的表面官能团。采用溴化钾(KBr)固体压片法，将 KBr 与样品混合研磨并压片，样品与 KBr 的质量比为 1∶100。光谱范围为 400～4 000 $cm^{-1}$，分辨率为 4 $cm^{-1}$，扫描频率为 10 kHz。每次实验使用相同质量的样品。每个实验重复 4 次，结果取平均值。

采用 Vario EL cube 元素分析仪测定页岩油中 C、H、O、N 和 S 元素的含量。检测过程为，将原料进行充分燃烧，燃烧管内填充氧化钨作为催化剂，燃烧温度为 1 150 ℃。元素分析仪中的 CHNS 模式为样品在纯氧中燃烧，经 850 ℃的还原管将 $NO_x$、$SO_3$ 还原成 $N_2$ 和 $SO_2$，得到产物 $CO_2$、$SO_2$、$H_2O$ 和 $N_2$；O 模式则是样品在高温裂解管中裂解并与活性炭接触生成 CO，生成的混合气进入特殊的层析柱分离，并通过热导检测器分析测定。

### 2.2.4　动力学分析

为了深入分析油页岩催化热解过程中的作用机理，本章进行了催化热解动力学分析。利用 1.4 所述的动力学分析方法，求解碱金属与碱土金属催化油页岩热解的动力学“三因子”，即活化能 $E$、指前因子 $A$ 和机理函数 $f(\alpha)$。

## 2.3　结果与讨论

### 2.3.1　油页岩负载催化剂的热重分析

图 2-1 所示为单独油页岩及负载催化剂的油页岩在氮气气氛、10 ℃/min 升温速率下由室温加热至 900 ℃的 TG 曲线和 DTG 曲线。由图 2-1(a)可知，随着温度的升高，不同样品均产生热分解失重，且分别负载三种催化剂的油页岩失重均高于单独油页岩(CJ)，这说明三种催化剂均促进了油页岩的热分解行为，增加了挥发性油气的析出，其中负载乙酸钙的油页岩质量损失最多。四种油页岩样品失重量的顺序为：CJ＋Ca＞CJ＋Na＞CJ＋Mg＞CJ。

由图 2-1(b)可知，CJ、CJ＋Na 和 CJ＋Mg 的 DTG 曲线包含两个失重峰，表明样品的热分解过程可分为两个阶段。第一个失重峰出现在 100～160 ℃，为少量的水分和吸附气的析出；第二个失重峰为油页岩中干酪根热分解，释放出挥发性油和热解气[97]。但 CJ＋Ca 的 DTG 曲线有四个失重峰，第一个失重峰是少量水分和吸附气的析出；第二个失重峰是乙酸钙分解成碳酸钙并释放出挥发性气体和油；第三个失重峰是挥发性气体和油的进一步释放；第四个失重峰是碳酸钙分解成氧化钙[98]。对于单独油页岩，干酪根分解的温度范围为 373.9～509.4 ℃，其最大失重率为 0.86%/min。对于负载乙酸钠的油页岩，DTG 曲线移向低温区 329.6～445.1 ℃，其最大失重率提高至 1.38%/min。这说明乙酸钠能够在较低温度下促进 CJ 油页岩的热分解，且分解速率高于单独油页岩。对于负载乙酸钙的油页岩，乙酸钙不仅提高了油页岩的失重速率，也使得其失重峰变窄，这表明由于乙酸钙的催化作用，

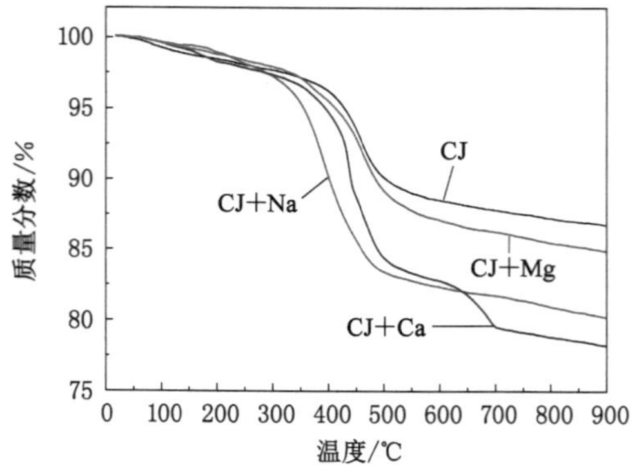


(a) TG曲线

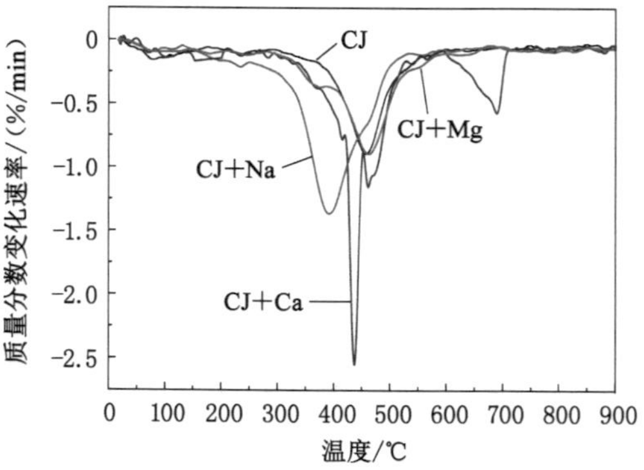


(b) DTG曲线

图 2-1 单独油页岩及负载催化剂的油页岩的 TG 曲线和 DTG 曲线

油页岩的挥发分以更快、更集中的方式析出。此外，对于负载氧化镁的油页岩，除了 330～405 ℃范围内，氧化镁对油页岩的失重速率影响不大。在该温度下，氧化镁可能催化某些无机矿物的分解。氧化镁虽然对失重速率影响较小，但氧化镁的加入使失重量增大，减小了固体产物的质量。

### 2.3.2 热解温度对油页岩热解产物分布的影响

热解温度是影响油页岩有机质裂解程度和页岩油产率的决定性因素之一。热解温度不同，油页岩的热解行为和热解产物的组成、特性及分布情况均有较大的差异。图 2-2 所示为不同目标终温下昌吉油页岩的热解产物产率分布。由图 2-2 可知，昌吉油页岩热解水的含量较低，且产率基本不随温度的变化而改变。随着温度的升高，热解气的产率升高，页岩焦的产率降低，而页岩油的产率先升高后降低。有研究表明，当热解温度达到 350 ℃时，油页岩中的有机质干酪根开始发生热分解，其中不稳定的桥键断裂，释放出大量的自由基，自由基相互结合释放出大量的挥发性油气，大分子多环芳烃聚合为固体产物。当热解温度达到 450 ℃时，页岩油开始析出，并在 575 ℃时达到峰值。随着温度进一步升高，页岩油的产率开始下降，这是因为当热解温度超过 575 ℃时，二次裂解反应加剧，部分液相产物分解生成气体，液体产物产率降低，而页岩焦也会进一步分解产生少量的气体，使得热解气持续增加[99]。因此，在以获得页岩油为目的的热解过程中，昌吉油页岩热解的最适终温确定为

575 ℃。

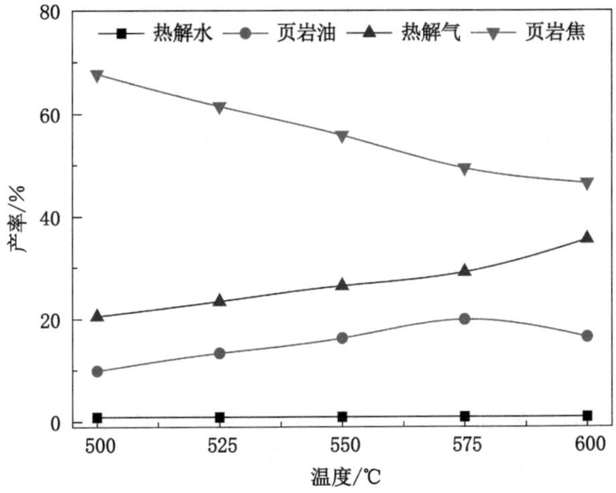


图 2-2　昌吉油页岩不同目标终温热解产物分布

### 2.3.3　催化剂对油页岩热解产物分布的影响

利用实验室自主设计的热解反应器在无气氛下对负载催化剂的昌吉油页岩进行热解，热解终温为 575 ℃，并在终温下保持 30 min，以保证样品热解完全，得到的四种产物的产率如图 2-3 所示。

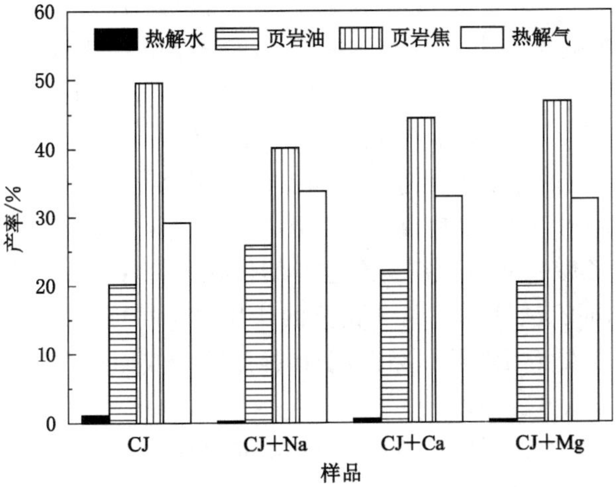


图 2-3　负载 AAEM 催化剂油页岩热解产物分布

由图 2-3 可以看出，AAEM 的存在改变了昌吉油页岩的热解行为，对热解产物的分布有着积极影响。当选择乙酸钠和乙酸钙作为昌吉油页岩热解催化剂时，页岩油和热解气产率提高。这说明乙酸钠和乙酸钙可以促进页岩油的形成和热解气的释放。然而，氧化镁对昌吉油页岩热解的催化活性较低，CJ＋Mg 的页岩油收率与单独油页岩几乎一致，说明氧化镁对页岩油的形成影响不大，但可以提高热解气的产率，而降低页岩焦的产率。生成页岩油和热解气的催化能力顺序为：乙酸钠＞乙酸钙＞氧化镁。这一现象表明，在油页岩热解过程中，AAEM 的存在促进了 C—C 键和 C—H 键的断裂，同时乙酸钠和乙酸钙促进了页岩油的聚合反应。此外，与单独昌吉油页岩热解相比，负载 AAEM 的油页岩热解产生的页岩焦产率降低，其大小顺序为：CJ＋Na＜CJ＋Ca＜CJ＋Mg＜CJ，这与 TG 结果的趋势相一致。同时，热解产物中含有少量的热解水，AAEM 的加入降低了热解水的产率。热解水产率与页岩焦产率的大小顺序一致。综上所述，乙酸钠、乙酸钙和氧化镁的存在促进了页岩油和热解气的形成，并降低了页岩焦和热解水的生成。

## 2.3.4 油页岩催化热解产物特性

### 2.3.4.1 AAEM 对热解气的影响

图 2-4 所示为单独油页岩和负载 AAEM 催化剂油页岩热解过程产生的热解气组分浓度。如图 2-4(a)所示，单独油页岩和负载 AAEM 催化剂的油页岩热解产生的热解气中，$H_2$ 浓度随温度的升高而持续升高。当温度低于 450 ℃时，有少量的 $H_2$ 释放，当温度高于 450 ℃时，$H_2$ 开始大量生成。油页岩在低温下热解产生的 $H_2$ 主要来源于芳环脱氢、烷烃环化和环烷烃芳构化反应，在高温下热解产生的 $H_2$ 主要来源于芳烃结构和杂环化合物的缩聚反应及 C/CO 与 $H_2O$ 的反应。在 AAEM 对昌吉油页岩的热解催化作用下，在 450～550 ℃温度范围内，$H_2$ 浓度略有下降，在 500～575 ℃温度范围内浓度有所上升，这说明 AAEM 在热解后期对热解气体中 $H_2$ 的释放有催化作用。这是因为 AAEM 阳离子与有机质结合形成 $ACOO—M^+$、$ACOO—M^{2+}$、$A(COO—)_2M^{2+}$ 等离子，抑制了供氢体与自由基的结合，使 $H_2$ 含量增加[100-101]。AAEM 对 $H_2$ 释放的影响顺序是乙酸钠＞乙酸钙＞氧化镁。由图 2-4(b)可知，随着温度的升高，CJ、CJ＋Na 和 CJ＋Mg 的热解气体中，$CH_4$ 浓度总体呈升高趋势，而 CJ＋Ca 的热解气体中，$CH_4$ 浓度先升高后降低。当热解温度达到 525 ℃时，甲基官能团的裂解产生了 $CH_4$。而除 CJ＋Na 外，当温度低于 525 ℃时，未检测到 $CH_4$ 的生成，这是由于乙酸钠在较低温度下促进了少量 $CH_4$ 的释放。在最终温度 575 ℃时，CJ＋Na 和 CJ＋Mg 的热解气体中 $CH_4$ 浓度高于 CJ 中的，CJ＋Ca 的热解气体中 $CH_4$ 浓度低于 CJ 中的。这可能是由于乙酸钠和氧化镁具有较高的催化甲基裂解的活性，促进了甲基侧链断裂，提高了 $CH_4$ 浓度，而乙酸钙则起到了相反的作用。也可能是在终温下碳酸钙提前分解产生了 $CO_2$，造成 $CH_4$ 浓度的降低。综上，四种样品热解气体在终温下 $CH_4$ 的浓度顺序为：CJ＋Na＞ CJ＋Mg＞CJ＞CJ＋Ca。

由图 2-4(c)可知，单独油页岩和负载 AAEM 催化剂的油页岩热解气中，$C_2H_4$ 的浓度随温度的升高而不断升高，而当温度高于 550 ℃时，油页岩热解气体中 $C_2H_4$ 的浓度下降。油页岩热解气中的 $C_2H_4$ 来源于烷基自由基失去一个氢自由基。当温度低于 500 ℃时，未检测到 $C_2H_4$，说明 $C_2H_4$ 在 500 ℃时开始释放。而由于乙酸钠的催化作用，在较低温度下促进了少量 $C_2H_4$ 的提前析出。此外，乙酸钠、乙酸钙和氧化镁对 $C_2H_4$ 的释放有抑制作用，催化剂的添加降低了 $C_2H_4$ 的浓度。热解气体中 $C_2H_4$ 的浓度顺序为：CJ＞CJ＋Mg＞CJ＋Ca＞CJ＋Na。由图 2-4(d)可知，负载 AAEM 催化剂的油页岩热解气中，$C_2H_6$ 浓度随温度的升高呈上升趋势，而 CJ 油页岩热解气中，$C_2H_6$ 的浓度在 550 ℃后略有下降。油页岩热解气中的 $C_2H_6$ 是由脂肪烃裂解和芳香环侧链的断裂产生的。除 CJ＋Ca，油页岩热解气体中的 $C_2H_6$

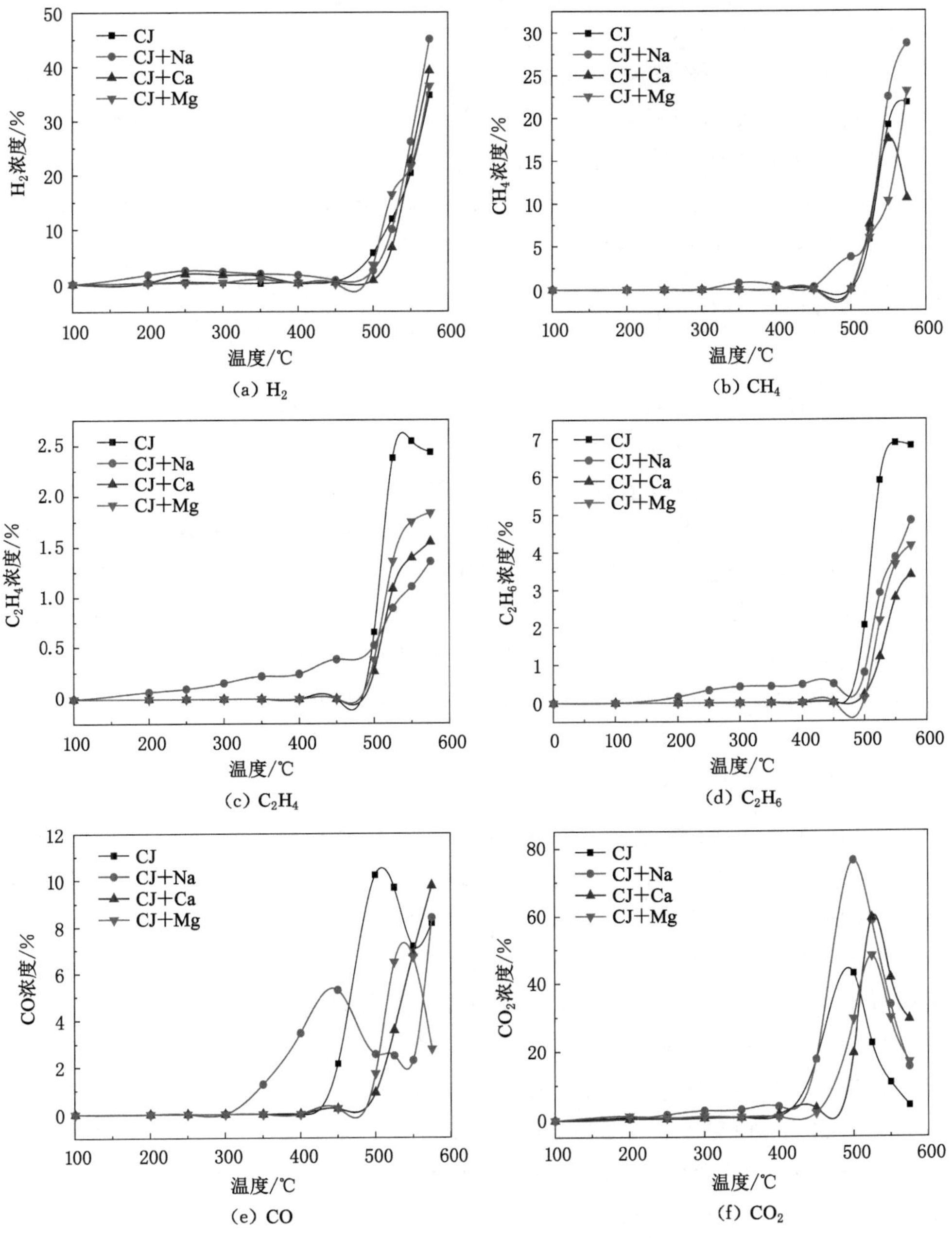

(a) $H_2$　(b) $CH_4$
(c) $C_2H_4$　(d) $C_2H_6$
(e) CO　(f) $CO_2$

图 2-4　单独油页岩和负载 AAEM 催化剂油页岩热解气组分浓度

在 500 ℃时开始释放，而由于乙酸钠的催化作用，CJ＋Ca 热解气体中 $C_2H_6$的释放温度降低。在相同温度下，单独油页岩热解气体中的 $C_2H_6$浓度高于 CJ＋Na、CJ＋Ca 和 CJ＋Mg 中的。这表明在温度为 500 ℃后，乙酸钠、乙酸钙和氧化镁催化剂抑制了 $C_2H_6$的形成。综上，四种样品热解气中 $C_2H_6$的浓度顺序为：CJ＞CJ＋Na＞CJ＋Mg＞CJ＋Ca。

由图 2-4(e)可知，单独油页岩和负载 AAEM 催化剂的油页岩热解气中，CO 浓度随温度的升高呈波动趋势。单独油页岩热解过程中，当温度达到 450 ℃时，CO 开始释放，这是因为在该温度下，油页岩干酪根中的羧基和醚基官能团裂解生成了 CO。在乙酸钠的催化作用下，油页岩热解产生的 CO 在较低的温度(350 ℃)下开始释放，在 450 ℃时出现峰值，这说明乙酸钠对 CO 的提前释放具有促进作用。而在乙酸钙和氧化镁的作用下，CO 延迟至 500 ℃时开始释放。在 500～550 ℃之间，负载 AAEM 催化剂的油页岩热解气中 CO 浓度均低于单独油页岩热解气中的浓度。但在 575 ℃的热解终温下，负载乙酸钙和乙酸钠的油页岩热解气中 CO 的浓度高于单独油页岩热解气中的浓度，这说明乙酸钙和乙酸钠在较高的温度下能够促进羧基和醚基官能团的裂解。综上，四种样品热解气体中 CO 的浓度顺序为：CJ＋Ca＞ CJ＋Na＞CJ＞CJ＋Mg。由图 2-4(f)可知，单独油页岩和负载 AAEM 催化剂的油页岩热解气中，$CO_2$浓度均呈先迅速上升后下降趋势。吸附在油页岩孔隙中的 $CO_2$ 在温度达到 400 ℃之前逸出。当温度达到 450 ℃时，羧基发生分解，导致 $CO_2$ 快速生成。热解气体中的 $CO_2$ 浓度在 500 ℃时达到最大值，随后当温度进一步升高时，$CO_2$ 浓度则呈下降趋势。当温度低于 500 ℃时，样品 CJ＋Na 的热解气体中 $CO_2$ 的浓度高于其他样品，这是由于乙酸钠在低温下催化羧基分解生成 $CO_2$。当温度超过 500 ℃时，乙酸钙和氧化镁也开始促进羧基裂解生成 $CO_2$。此外，AAEM 阳离子可以与长链羧基反应生成羧酸盐，羧酸钙和羧酸镁分解成碳酸钙和碳酸镁，并进一步分解生成二氧化碳。CJ 和 CJ＋Na 热解气中 $CO_2$ 浓度的峰值出现在 500 ℃时，而 CJ＋Ca 和 CJ＋Mg 热解气中 $CO_2$ 浓度的峰值出现在 525 ℃时。当温度高于 500 ℃时，负载 AAEM 催化剂的油页岩热解气中 $CO_2$ 浓度均高于单独油页岩热解气中的。综上，在热解终温下热解气体中 $CO_2$ 的浓度顺序为：CJ＋Ca＞CJ＋Mg＞CJ＋Na＞CJ。

#### 2.3.4.2 AAEM 对页岩焦的影响

利用 FTIR 分析比较单独油页岩和负载催化剂油页岩在热解过程中官能团的变化[102-103]，其原样及热解后的固体产物的红外吸收光谱如图 2-5 所示。图 2-5(a)所示为昌吉油页岩原样的红外光谱。其位于 3 699 $cm^{-1}$ 和 3 622 $cm^{-1}$ 处的尖峰是高岭石内表面和黏土矿物中铝氧八面体的 O—H 键伸缩振动[104]。位于 2 920 $cm^{-1}$ 和 2 860 $cm^{-1}$ 处的尖峰被认为是脂肪烃中—$CH_3$ 的 C—H 键对称和不对称的伸缩振动。位于 1 639 $cm^{-1}$ 处的吸收峰与有机芳香环中的 C ═C 骨架振动有关。位于 1 434 $cm^{-1}$ 处的吸收峰是由于不对称—$CH_3$ 和对称—$CH_2$ 的弯曲振动。而位于 1 000 $cm^{-1}$ 附近的宽峰则是由于油页岩灰分中的高岭石、石英等矿物质的 Si—O 键。位于 909 $cm^{-1}$ 的吸收峰是取代苯中 C—H 的弯曲振动。位于 798 $cm^{-1}$ 和 778 $cm^{-1}$ 处的两个尖峰是间二取代苯中 C—H 弯曲振动的特征峰。位于 692 $cm^{-1}$ 处的吸收峰与单取代苯中 C—H 的弯曲振动有关。另外，位于 539 $cm^{-1}$ 处的吸收峰为 S—S 键，而位于 466 $cm^{-1}$ 处的尖峰为石英和黏土矿物的 Si—O 键。油页岩灰分含量较高，且富含硅、铝等矿物质，因此，其红外分析结果中含有大量的 Si—O 键。

图 2-5(b)所示为四种油页岩样品热解得到的页岩焦的红外光谱。结果表明，AAEM 对不同页岩焦官能团的类别影响不大，但同一官能团在不同页岩焦中的强度有一定差异。位于 3 699 $cm^{-1}$ 和 3 665 $cm^{-1}$ 处的尖峰分别对应高岭石内表面水和黏土矿物铝氧八面体的 O—H 伸缩振动，但强度有所减弱，说明黏土矿物层间水随温度升高而释放。页岩焦位于 2 929 $cm^{-1}$ 和 2 849 $cm^{-1}$ 处的吸收峰消失，这是由于油页岩热解过程中脂肪族侧链发生了裂解反应。位于 1 617 $cm^{-1}$ 处的吸收峰为苯环 C ═C 键的骨架振动，CJ＋Na 的页岩焦在该

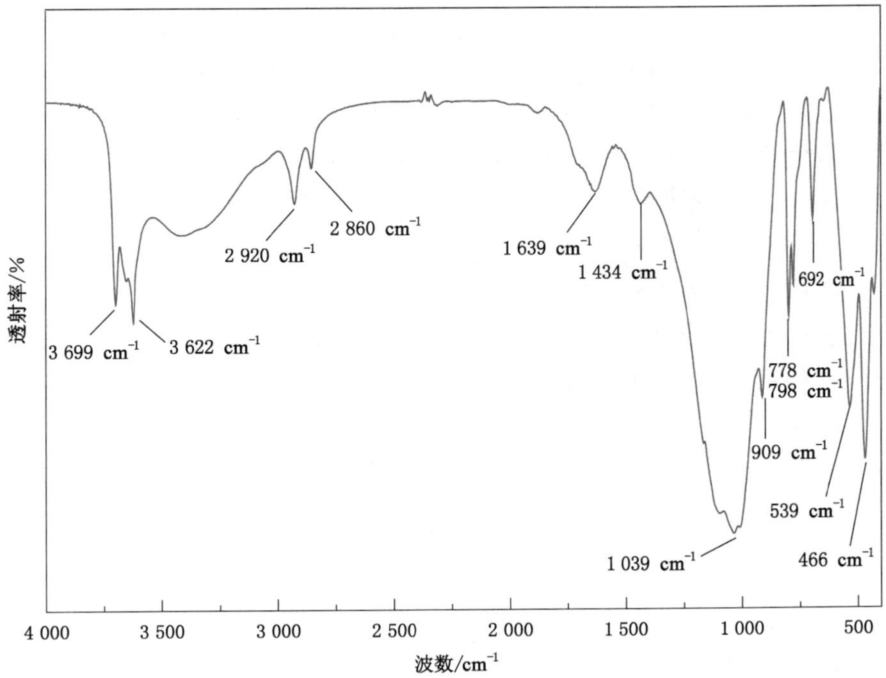


(a) 油页岩原样

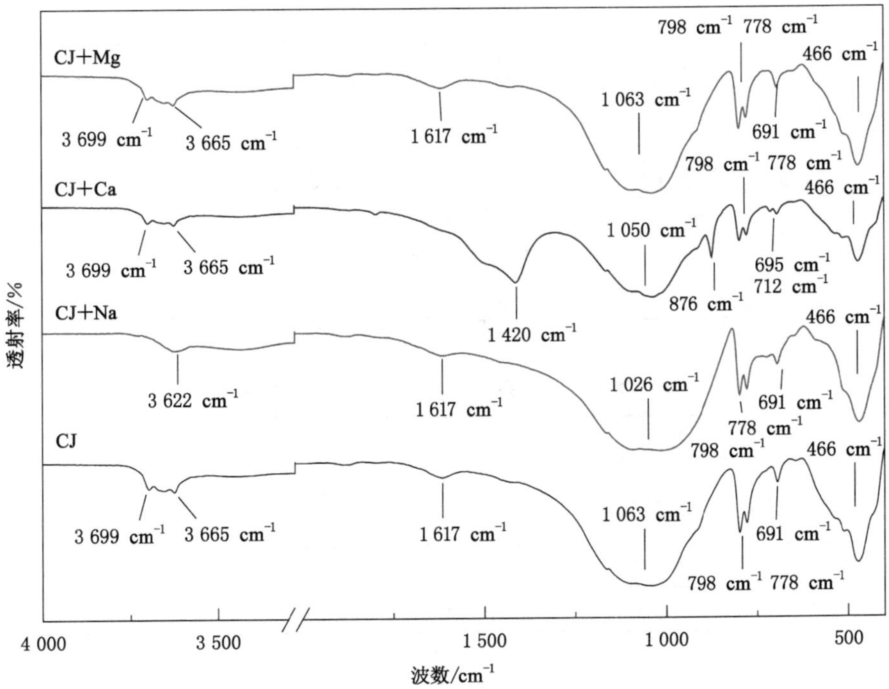


(b) 页岩焦

图 2-5　单独油页岩及负载催化剂油页岩固体产物的红外光谱

位置的吸收峰强度高于 CJ 和 CJ+Mg。对于 CJ+Ca 的页岩焦，1 420 $cm^{-1}$处、876 $cm^{-1}$处和 712 $cm^{-1}$处的吸收峰与乙酸钙随温度升高分解生成的碳酸钙有关。此外，1 000 $cm^{-1}$和 466 $cm^{-1}$附近的吸收峰是石英和黏土矿物中的 Si—O 键，而不同样品的吸收峰强度排序为：CJ>CJ+Mg>CJ+Na>CJ+Ca，这与 TG 结果一致。位于 798 $cm^{-1}$和 778 $cm^{-1}$处的吸收峰代表间二取代苯中 C—H 的弯曲振动，其吸收峰强度顺序为：CJ>CJ+Na>CJ+Mg>CJ+Ca。位于 691 $cm^{-1}$处的吸收峰与单取代苯中 C—H 的弯曲振动有关，其吸收峰强度顺序为：CJ+Na>CJ>CJ+Mg>CJ+Ca。

2.3.4.3　AAEM 对页岩油的影响

采用气相色谱-质谱联用(GC-MS)测定了单独油页岩和负载催化剂的油页岩在热解终温为 575 ℃时得到页岩油的化学组成，不同页岩油样品的总离子色谱图和主要组分的相对含量分别见图 2-6 和表 2-2。本书将页岩油的化学成分分为烷烃、烯烃、芳香烃和杂原子化合物，并用面积归一法计算了它们的相对含量。其中，杂原子化合物包括含氧化合物、含氮化合物和含硫化合物。

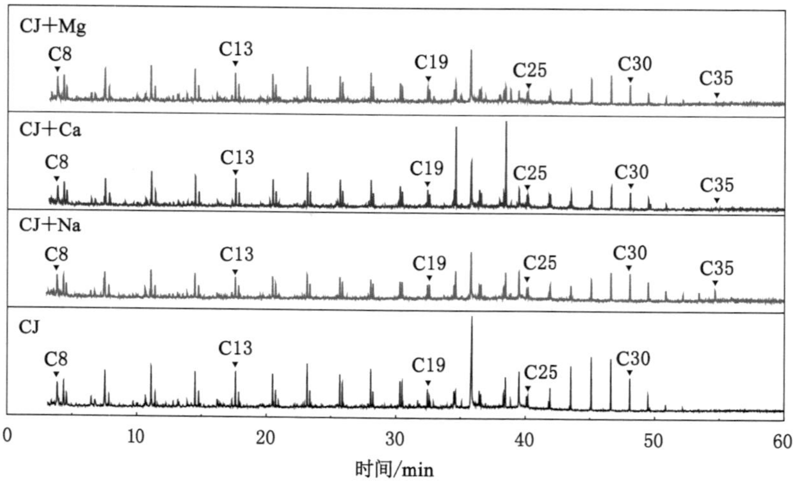


图 2-6　油页岩及负载催化剂油页岩热解得到页岩油的总离子色谱图

**表 2-2　不同页岩油样品中各组分的相对含量**　　%

| 成分 | CJ | CJ+Na | CJ+Ca | CJ+Mg |
|---|---|---|---|---|
| 烷烃 | 54.05 | 59.41 | 50.56 | 52.22 |
| 烯烃 | 32.47 | 27.31 | 35.14 | 33.23 |
| 芳香烃 | 8.10 | 7.51 | 5.93 | 5.50 |
| 杂原子化合物 | 5.38 | 5.77 | 8.37 | 9.05 |

如表 2-2 所示，四种样品热解产生的页岩油中脂肪烃相对含量均超过 85%，由此可知，脂肪烃占主导地位。CJ+Na 热解产生的页岩油中，烷烃的相对含量高于 CJ 热解产生的，而烯烃的相对含量低于 CJ 热解产生的，说明乙酸钠促进了烷烃的生成，抑制了烯烃的生成。油页岩的热解产生了大量的烷基自由基和氢自由基，而乙酸钠催化烷基自由基和氢自

由基的结合，导致烷烃含量增加。然而，与乙酸钠相比，乙酸钙和氧化镁对烷烃和烯烃的形成均呈相反趋势。在乙酸钙和氧化镁的催化作用下，与单独的 CJ 相比，页岩油中烷烃的相对含量降低，而烯烃的相对含量增加，这是由于乙酸钙和氧化镁的催化作用使烷基自由基失去一个氢自由基，导致烯烃的含量增加。同时，页岩油中芳香烃的相对含量因乙酸钠、乙酸钙和氧化镁的添加而降低，这是由于 AAEM 对芳构化反应有抑制作用。此外，乙酸钠、乙酸钙和氧化镁的添加使杂原子化合物的含量增加，这是由于这三种催化剂分子中氧原子比例较高。

为了进一步研究三种 AAEM 对页岩油样品化学组成的影响，根据碳原子数将烷烃和烯烃进一步分为五个部分，即短链（C8～C13）、中链（C14～C19、C20～C25）和长链（C26～C30、C31～C35）。图 2-7 所示为单独油页岩和负载 AAEM 催化剂的油页岩热解产生的页岩油中脂肪烃的碳原子数分布。由图 2-7 可知，在乙酸钠、乙酸钙和氧化镁的催化作用下，短链脂肪烃的质量分数增加。页岩油中短链脂肪烃的质量分数的大小顺序为：CJ＋Mg＞CJ＋Ca＞CJ＋Na＞CJ。中链脂肪烃（C14～C19）的质量分数也存在相同的变化趋势。这归因于 AAEM 的阳离子可以提供路易斯酸位点，而氧化镁的路易斯酸的酸性高于乙酸钙和乙酸钠的。长链脂肪烃在这些活性中心被催化裂解为短链脂肪烃，导致短链脂肪烃的相对含量增加，实现了页岩油的轻质化[105-106]。此外，当页岩油中脂肪族烃的碳原子数达到 C20～C25 和 C26～C30 时，三种 AAEM 的存在使其产率呈下降趋势。在乙酸钠和氧化镁的作用下，当页岩油中的碳原子数超过 C30 时，其相对含量与原样页岩油相比略有上升，而乙酸钙的存在对其影响不大。综上所述，油页岩热解过程中，虽然乙酸钠对页岩油产率的提高效果最好，但轻质组分增加较少，而氧化镁虽然对页岩油收率影响不大，但轻质组分增加显著，使得热解油品质提高。

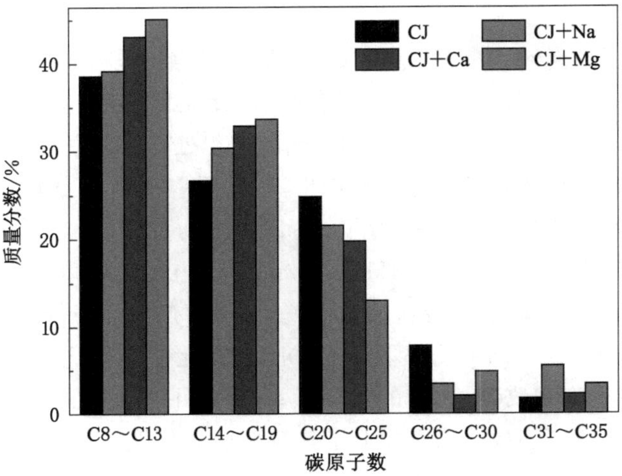


图 2-7　不同页岩油中脂肪烃的碳原子数分布

表 2-3 列出了单独油页岩和负载 AAEM 催化剂的油页岩热解得到页岩油的元素分析结果。由表 2-3 可知，在三种催化剂的作用下，页岩油样品中 C 元素的含量减少，H 元素的含量增加。结果表明，在热解过程中 AAEM 的存在促进了 H 从油页岩向页岩油转化，并抑制了 C 的转化。由此导致了页岩油的 H/C 原子比也增加。这说明乙酸钠、乙酸钙和氧化

镁等 AAEM 催化剂在热解过程中可使页岩油的芳香性降低，进而产生较多的脂肪烃，并储存了更高的能量[107]，这与表 2-2 的结果一致。此外，这些催化剂与昌吉油页岩的混合使页岩油样品中杂原子 O 元素含量增加，S、N 元素含量减少。普遍认为，页岩油中的 O 元素包含在羧酸、醇、醛、酮和酯中，而 S 和 N 元素主要以芳香分子的形式存在，如噻吩和吡啶[108]。页岩油中 O 元素的增加是三种催化剂分子中的氧含量较高引起的，而 S、N 等有害元素的降低有利于提高页岩油的质量。

**表 2-3　不同油页岩样品热解产生的页岩油的元素分析**

| 样品 | $C_{ad}$/% | $H_{ad}$/% | $O_{ad}$/% | $N_{ad}$/% | $S_{t,ad}$/% | H/C 原子比 |
|---|---|---|---|---|---|---|
| CJ | 83.01 | 10.51 | 3.09 | 2.52 | 0.32 | 1.52 |
| CJ+Na | 79.88 | 11.42 | 5.01 | 1.87 | 0.26 | 1.72 |
| CJ+Ca | 79.01 | 10.91 | 6.76 | 1.79 | 0.31 | 1.66 |
| CJ+Mg | 81.98 | 10.78 | 3.12 | 2.21 | 0.25 | 1.58 |

## 2.3.5　油页岩催化热解动力学分析

### 2.3.5.1　催化剂对油页岩热解过程活化能的影响

图 2-8 为利用 Starink 法和 FWO 法得到的不同油页岩样品热解活化能随转化率的变化关系，升温速率分别为 5 ℃/min、10 ℃/min 和 20 ℃/min。所得活化能的线性相关系数($R^2$)均大于 0.99，表明结果具有较高的准确性。Starink 法和 FWO 法得到的热解活化能非常接近，表明活化能可以通过不同参数的方程和假设模型来计算，且两种方法均是可靠的[109-110]。

图 2-8(a)比较了不同转化率下 CJ 和 CJ+Na 在热解过程中活化能的变化。当转化率为 0.1～0.9 时，CJ 和 CJ+Na 的活化能随转化率的变化而波动，但总体上呈上升趋势。当转化率为 0.1～0.2，热解温度低于 400 ℃时，热解过程处于干燥脱气阶段，干酪根中较弱的化学键断裂，少量的水分、吸附气和挥发分析出，这些反应所需能量较少。对 CJ 来说，当转化率为 0.3～0.6，热解温度为 400～500 ℃时，该范围为页岩油和热解气的主要析出阶段，该阶段活化能变化较为平稳(192.3～211.5 kJ/mol)。当转化率和热解温度进一步升高，剩余的样品挥发分降低，固定碳和灰分所占比例增大，热解反应性降低，因此活化能急剧增大，增加至 301.9 kJ/mol。在不同转化率下，CJ+Na 的活化能除转化率 $\alpha$ 为 0.9 外均低于 CJ 的，由于乙酸钠的催化作用改善了 CJ 的热解行为，促进了干酪根的裂解并生成更多的页岩油和热解气，提高了热解反应性，从而降低了热解反应活化能。其中，当 $\alpha$ 为 0.6，热解温度为 410 ℃时，活化能降低最多，降低了 77.8 kJ/mol，失重速率也达到最大值，催化效应最明显。此外，根据转化率与热解温度的关系曲线，在乙酸钠的作用下，油页岩的热解在较低温度下达到同一转化率，进一步证明了乙酸钠的促进作用。

图 2-8(b)比较了不同转化率下 CJ 和 CJ+Ca 在热解过程中活化能的变化。不同转化率下，CJ+Ca 在热解过程中的活化能也呈波动趋势。当转化率为 0.1～0.4 时，活化能持续上升，由 89.2 kJ/mol 上升至 262.4 kJ/mol，其对应的热解温度低于 400 ℃，该阶段为水分和吸附气的析出，以及小分子气体的裂解并释放。当转化率达到 0.5～0.6，热解温度为

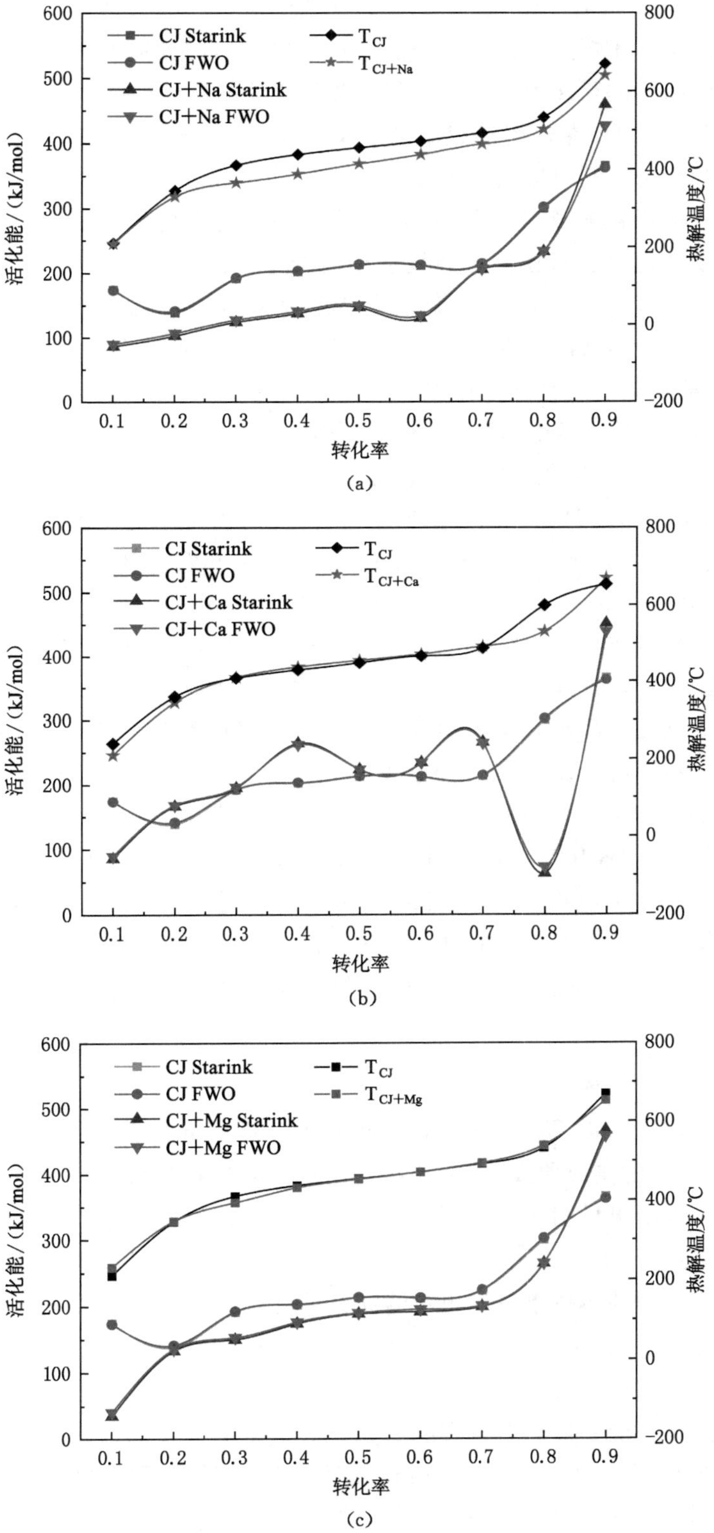


图 2-8　不同油页岩样品热解活化能随转化率的变化关系

400～450 ℃时，活化能略有下降（223.7～234.3 kJ/mol）。乙酸钙在该温度范围内分解为碳酸钙和丙酮，丙酮迅速挥发，这两个过程所需能量较少，与此同时，热解气进一步释放，页岩油开始形成，钙离子的存在为热解气的释放和页岩油的形成提供了活性位。此外，当转化率为 0.2～0.7 时 CJ＋Ca 在热解过程中的活化能均高于单独 CJ 在该转化率下的活化能，而当转化率达到 0.8 时，其对应的热解温度为 530 ℃左右，CJ＋Ca 的活化能（77.6 kJ/mol）远远低于单独 CJ 的活化能（299.6 kJ/mol）。在乙酸钙的催化作用下，增加了 CJ 热解早期（$T<500$ ℃）的活化能，然而，在页岩油显著析出的重要阶段（$T=500\sim575$ ℃），钙的存在降低了活化能。同时，当 CJ＋Ca 在热解转化率达到 0.8 时，其需要比 CJ 单独热解更低的温度。因此，在油页岩热解的后期（$T=500\sim575$ ℃），即页岩油形成的峰值阶段，钙离子是通过降低活化能的方式而起到催化作用的。

图 2-8(c)比较了不同转化率下 CJ 和 CJ＋Mg 在热解过程中活化能的变化。CJ＋Mg 在热解过程中的活化能随转化率的增加而持续升高。当转化率为 0.1～0.2 时，其对应的热解温度为 231～345 ℃，此时活化能较低但呈上升趋势，该阶段主要为干酪根大分子支链上较弱的键发生断裂。当转化率为 0.3～0.7 时，其对应的热解温度为 394～492 ℃，活化能保持平稳缓慢地上升，由 191.5 kJ/mol 上升至 223.3 kJ/mol。CJ＋Mg 在该阶段不断发生断键并裂解，逐渐由小分子变为大分子的分解并释放，析出热解气和页岩油，所需能量逐渐升高。当转化率达到 0.8，热解温度超过 500 ℃时，油页岩释放出大量的大分子化合物，需要能量显著增加，活化能升高至 364.7 kJ/mol。当转化率达到 0.9，温度达到 600 ℃时，CJ＋Mg 的活化能高于 CJ 的。因为在这个温度下，有机质的热解基本完成，矿物开始分解，而 MgO 很难进一步分解，因此活化能增加。同时，当转化率为 0.1～0.8，热解温度低于 600 ℃时，由于 MgO 的催化作用，CJ＋Mg 在热解过程中的活化能均低于 CJ 的，这是因为 $Mg^{2+}$ 嵌入干酪根大分子，使得 C—C 键的极性增强，更容易断键。此外，当转化率为 0.1 时，其对应的热解温度为 200 ℃左右，CJ＋Na、CJ＋Ca 和 CJ＋Mg 的活化能均低于单独 CJ 的，这主要是因为 AAEM 对油页岩中物理吸附在其孔道中的吸附气和水分的释放也有一定的促进作用。

#### 2.3.5.2 机理函数的确定

利用 Starink 法[111]和 FWO 法[112]计算得到各转化率下的活化能和 Dolye 近似式[113]，得到不同升温速率下的实验曲线，其中计算用到的活化能采用 Starink 法和 FWO 法获得的活化能的平均值，其结果见图 2-9。由图 2-9 可知，单独油页岩及负载 AAEM 的油页岩共四个样品在三个升温速率下（5 ℃/min、10 ℃/min 和 20 ℃/min）的实验曲线形状一致且基本重合，说明该热解过程的热失重可用单一的动力学机理描述。

进一步取升温速率为 10 ℃/min 下的油页岩热解实验曲线与根据 15 种动力学模型函数绘制的标准曲线对比，其结果见图 2-10。如果实验曲线与某一机理函数的标准曲线重合，那么说明该热解反应的最概然机理函数为与之重合的标准曲线所对应的机理函数。由图 2-10(a)至图 2-10(d)可知，以 10 ℃/min 为例的四种不同油页岩样品的实验曲线均没有与任何一条标准曲线重合，但与 $F_1$ 至 $F_3$ 变化趋势一致，且介于它们之间，说明油页岩热解过程不能用整数来描述其动力学机理，因此，负载 AAEM 催化剂的油页岩和单独油页岩的热解过程均为简单的级数模型，但其动力学机理偏离了理想模型，需要进一步确定 $n$ 值。

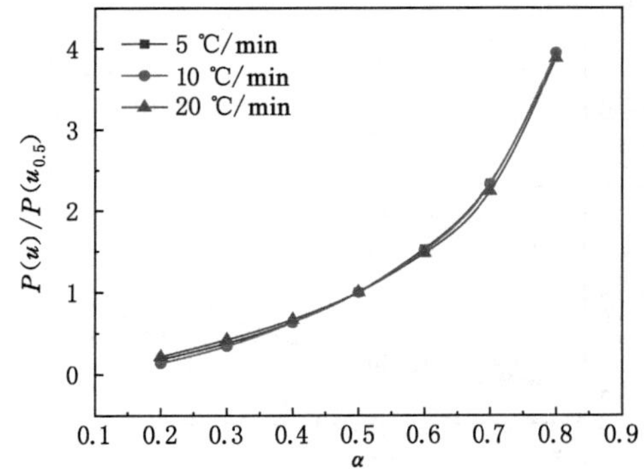


(a) CJ

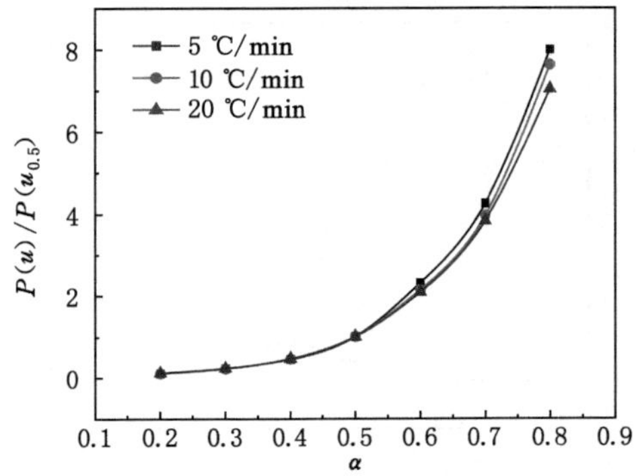


(b) CJ+Na

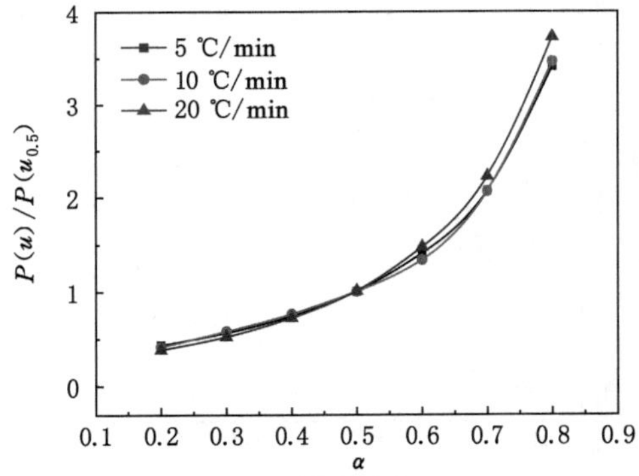


(c) CJ+Ca

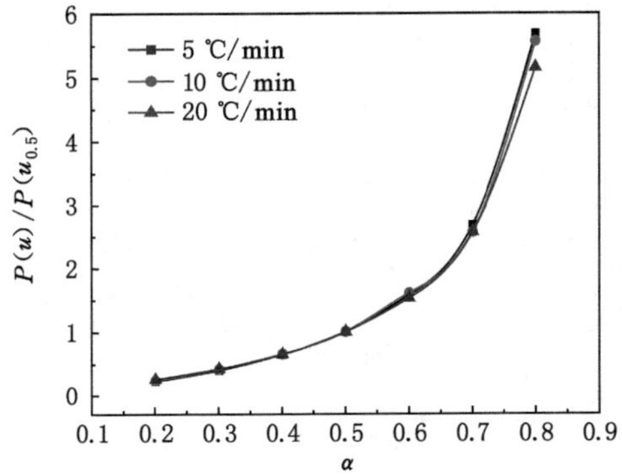


(d) CJ+Mg

图 2-9　不同油页岩样品在不同升温速率下热解的实验曲线

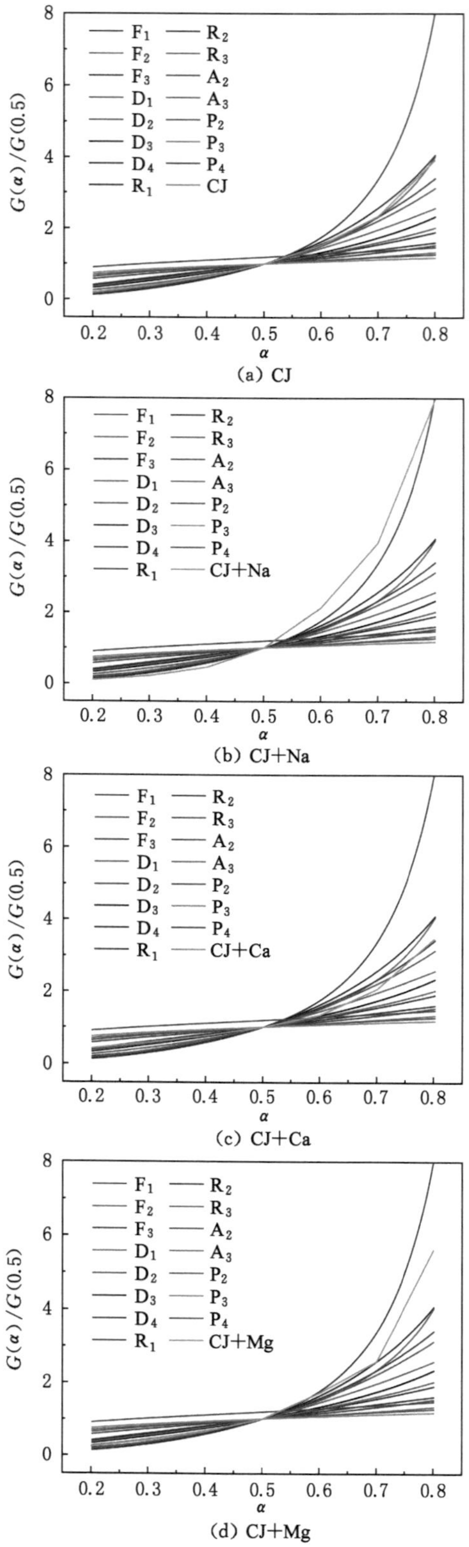


图 2-10　不同油页岩样品热解的实验曲线与标准曲线对比

如图 2-10 所示，根据实验曲线与标准曲线的相对位置，确定了 CJ、CJ＋Na、CJ＋Ca 和 CJ＋Mg 四种油页岩样品热解反应机理函数的 $n$ 值分别为介于 2～3 之间、大于 3、介于 1～2 之间和介于 2～3 之间。进一步，利用机理函数中的级数模型公式，将转化率 $\alpha$ 代入机理函数 $G(\alpha)$。然后，根据公式(1-22)将活化能 $E$，不同转化率对应的温度 $T$ 代入式(1-23)得到 $P(u)$，以 $G(\alpha)$ 对 $EP(u)/(\beta R)$ 作图，并采用最小二乘法进行线性拟合，得到一条截距接近为零，斜率为指前因子 $A$ 的直线。不同油页岩样品在确定的 $n$ 值范围内，以步长为 0.1 适取不同的 $n$ 值，当拟合直线的相关系数 $R^2$ 接近 1 时，则确定了最合适的 $n$ 值。最终确定了负载 AAEM 催化剂及单独油页岩热解过程的动力学三因子，其结果见表 2-4。

**表 2-4　不同油页岩样品热解过程的动力学三因子**

| 样品 | $E$/(kJ/mol) | $A$/($s^{-1}$) | $f(\alpha)$ | $R^2$ |
|---|---|---|---|---|
| CJ | 168.76 | $6.58\times10^{11}$ | $(1-\alpha)^{2.1}$ | 0.996 0 |
| CJ＋Na | 156.75 | $1.28\times10^{12}$ | $(1-\alpha)^{3.1}$ | 0.994 8 |
| CJ＋Ca | 238.18 | $1.71\times10^{16}$ | $(1-\alpha)^{1.3}$ | 0.993 1 |
| CJ＋Mg | 182.47 | $4.03\times10^{12}$ | $(1-\alpha)^{2.4}$ | 0.999 8 |

由表 2-4 可知，CJ、CJ＋Na、CJ＋Ca 和 CJ＋Mg 四种油页岩样品热解的机理函数分别为 $f(\alpha)=(1-\alpha)^{2.1}$、$f(\alpha)=(1-\alpha)^{3.1}$、$f(\alpha)=(1-\alpha)^{1.3}$、$f(\alpha)=(1-\alpha)^{2.4}$，其指前因子分别为 $6.58\times10^{11}\ s^{-1}$、$1.28\times10^{12}\ s^{-1}$、$1.71\times10^{16}\ s^{-1}$、$4.03\times10^{12}\ s^{-1}$。负载 AAEM 催化剂没有改变油页岩的热解机理函数模型，即均为级数模型，但改变了 $n$ 值。线性拟合相关系数 $R^2$ 均高于 0.99，说明求得的动力学三因子的结果是可靠的。

# 第3章　准东煤与昌吉油页岩共热解产物特性及动力学分析

## 3.1　引言

第2章研究结果表明，AAEM对昌吉油页岩的热解具有一定的催化作用，均提高了热解油气产率，研究富含AAEM的准东煤与油页岩共热解具有重要意义。同时，前人的研究结果表明，油页岩与煤共热解能产生一定的协同效应。准东煤具有较高的挥发分和较低的灰分，更容易与油页岩在热解过程中产生协同效应。因此，本章采用不同比例的准东煤与油页岩混合进行共热解，研究其共热解失重行为、产物分布及特性，进一步分析其燃烧动力学并确定活化能、指前因子和机理函数。

## 3.2　实验部分

### 3.2.1　样品准备

将准东煤（标记为ZD）和昌吉油页岩（CJ）破碎、筛分并研磨，在鼓风干燥箱中干燥12 h至恒重。将干燥后的样品按照ZD：CJ为5：95，10：90，15：85和20：80等四个比例混合（即准东煤掺入比例分别为5%、10%、15%和20%），分别记为MF1、MF2、MF3和MF4。从上述四种混合样品中各取20g分别放入烧杯中，然后加入100 mL去离子水，在磁力搅拌器上搅拌12 h，以保证混合均匀，并在鼓风干燥箱里干燥至恒重。烘干后收集油页岩、准东煤及混合样品待热解实验用。

### 3.2.2　热解实验

热解实验按照2.2.2所述的实验装置和方法步骤进行。分别将昌吉油页岩（CJ）、准东煤（ZD）及不同配比的准东煤和油页岩混合物（MF1－MF4）放入葫芦管中，实验温度由室温以10 ℃/min的升温速率升温至575 ℃，所有样品在无气氛下热解，并在终温下保持30 min。实验结束后，收集四种产物（热解水、页岩油、热解气和页岩焦），利用式（2-1）和式（2-2）计算其产率并进行表征。

### 3.2.3　表征方法

热解实验得到的油页岩热解气、页岩油和页岩焦的分析测试方法均与第2章一致。

### 3.2.4 协同性分析

本章采用协同效应曲线($\Delta\alpha$)和协同效应指数($F$)来评估准东煤和油页岩共热解过程中的协同效应。协同效应曲线为不同温度下准东煤与油页岩混合物共热解的实际转化率与二者单独热解转化率加权值的差值，$\Delta\alpha$ 通过公式(3-1)至公式(3-4)计算。协同效应指数($F$)通过公式(3-5)计算[114]。当协同效应曲线在零线以上或协同效应指数大于 1 时，说明准东煤与油页岩共热解过程存在相互促进作用。当协同效应曲线在零线以下或协同效应指数小于 1 时，说明准东煤与油页岩共热解过程存在相互抑制作用[115]。

$$M_{cal} = M_{ZD} \times \omega + M_{CJ} \times (1-\omega) \tag{3-1}$$

$$\alpha = \frac{M_0 - M_t}{M_0 - M_f} \times 100\% \tag{3-2}$$

$$\Delta\alpha = \alpha_{exp} - \alpha_{cal} \tag{3-3}$$

$$\left(\frac{dw}{dt}\right)_{cal} = \left(\frac{dw}{dt}\right)_{ZD} \times \omega + \left(\frac{dw}{dt}\right)_{CJ} \times (1-\omega) \tag{3-4}$$

$$F = \frac{(dw/dt)_{max,exp} \times \Delta T_{1/2,exp} \times T_{max,exp}}{(dw/dt)_{max,cal} \times \Delta T_{1/2,cal} \times T_{max,cal}} \tag{3-5}$$

式中　$M_{cal}$，$M_{ZD}$和 $M_{CJ}$——混合样品质量分数的加权值，准东煤的质量分数，油页岩的质量分数；

$M_0$，$M_t$和 $M_f$——样品在初始温度、中间 $t$ 温度及终温下的质量分数；

$\alpha_{cal}$，$\alpha_{exp}$——混合样品转化率的加权值，转化率的实验值；

$(dw/dt)_{cal}$，$(dw/dt)_{ZD}$和$(dw/dt)_{CJ}$——混合样品的失重速率的加权值，单独准东煤和油页岩的失重速率；

$\omega$——混合样品中准东煤所占比例；

$F$——协同效应指数；

$\Delta T_{1/2}$和 $T_{max}$——DTG 曲线的半峰宽和峰值温度；

角标 cal 和 exp——加权值和实验值。

### 3.2.5 动力学分析

为了深入分析油页岩与准东煤共热解过程中的作用机理，本章进行了二者共热解动力学分析。利用 1.4 所述的动力学分析方法，求解油页岩与准东煤共热解过程的动力学“三因子”，即活化能 $E$，指前因子 $A$ 和机理函数 $f(\alpha)$。

## 3.3 结果与讨论

### 3.3.1 准东煤和油页岩的热重分析

图 3-1 所示为准东煤与油页岩在氮气气氛下热解的 TG 曲线和 DTG 曲线。实验从室温加热至 900 ℃，升温速率为 10 ℃/min。由图 3-1(a)可知，随着温度的升高，准东煤和油页岩持续热失重，发生热分解反应，且准东煤的失重量大于油页岩的，这是由于油页岩具有较高的灰分。在终温下，准东煤和油页岩剩余残渣的质量分数分别为 65.84%和 86.59%，

这说明准东煤比油页岩在热解过程中释放了更多的挥发性油气。

由图 3-1(b)可以看出,随着温度的升高,准东煤和油页岩具有不同的热失重行为。准东煤的 DTG 曲线包含两个较强的失重峰和两个较弱的失重峰,而油页岩的 DTG 曲线包含三个失重峰。准东煤和油页岩的第一个失重峰均在 30～200 ℃之间,为水分的蒸发和吸附气的释放。准东煤在该温度范围的热失重速率远高于油页岩,这是因为准东煤为海洋沉积型煤,具有较高的水分。油页岩在 200～300 ℃的失重峰为油母质干酪根首先分解为沥青质和干馏气。当温度升高至 350 ℃时,沥青质开始分解,生成页岩油和热解气。准东煤在 300～520 ℃的失重峰为大分子有机物裂解和挥发性油气的释放。进一步,准东煤和油页岩中有机大分子裂解失重峰和解聚失重峰的半峰宽分别为 137.8 ℃和 36.9 ℃,说明油页岩中的挥发性油气以更加集中的方式释放。同时,油页岩热解的最大失重速率略高于准东煤热解的最大失重速率,而准东煤热解最大失重速率对应的温度(440 ℃)略低于油页岩热解最大失重速率对应的温度(455 ℃)。除此之外,当温度高于 600 ℃时,准东煤进一步失重,这来源于煤灰中碳酸盐的分解和热解气的进一步释放。在准东煤和油页岩单独热解过程中,失重温度范围有较大的重合,最大失重速率及其对应的温度相近。同时,准东煤为挥发分较高、灰分较低的低阶煤,且富含 AAEM 金属,将二者混合进行共热解具有一定的协同效应潜力。

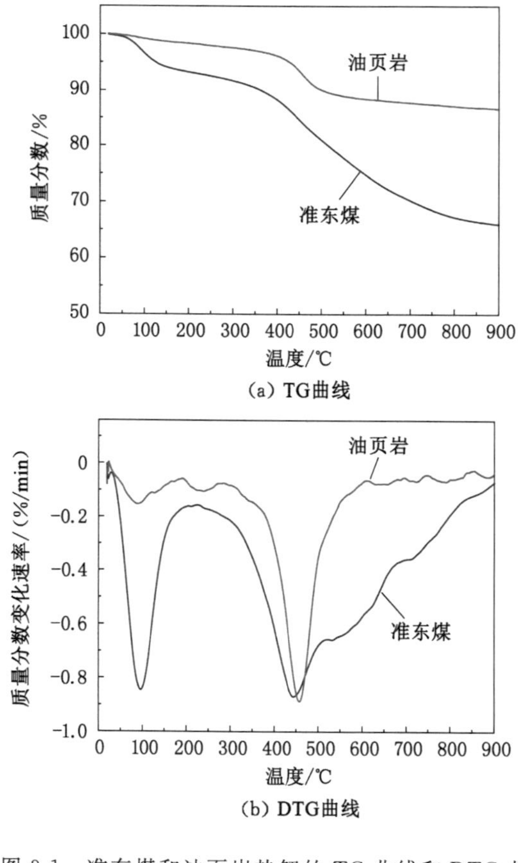


图 3-1　准东煤和油页岩热解的 TG 曲线和 DTG 曲线

### 3.3.2　准东煤配比对油页岩热解产物分布的影响

表 3-1 和表 3-2 分别列出了油页岩、准东煤及二者不同比例混合物热解的产物分布的实验值和加权值。表中数据为干燥无灰基下的结果。

表 3-1　油页岩、准东煤及二者混合燃料热解的产物分布(实验值)

| 样品 | 热解水/% | 热解油/% | 热解气/% | 热解焦/% |
|---|---|---|---|---|
| CJ | 3.16 | 28.86 | 9.81 | 58.17 |
| MF1 | 3.02 | 35.68 | 12.46 | 48.84 |
| MF2 | 2.25 | 33.77 | 14.93 | 49.05 |
| MF3 | 1.83 | 31.75 | 16.23 | 51.19 |
| MF4 | 1.78 | 28.68 | 17.11 | 52.43 |
| ZD | 1.01 | 1.25 | 19.53 | 78.21 |

表 3-2　油页岩、准东煤及二者混合燃料热解的产物分布(加权值)

| 样品 | 热解水/% | 热解油/% | 热解气/% | 热解焦/% |
|---|---|---|---|---|
| CJ | 3.16 | 28.86 | 9.81 | 58.17 |
| MF1 | 3.05 | 27.48 | 10.30 | 59.17 |
| MF2 | 2.95 | 26.10 | 10.78 | 60.17 |
| MF3 | 2.84 | 24.72 | 11.27 | 61.18 |
| MF4 | 2.73 | 23.34 | 11.75 | 62.18 |
| ZD | 1.01 | 1.25 | 19.53 | 78.21 |

由表 3-1 可以看出,单独油页岩热解产物中页岩油占 28.86%,热解气占 9.81%,而单独准东煤热解产物中焦油产率仅为 1.25%,热解气产率高达 19.53%。油页岩热解油产率高于准东煤,而热解气产率低于准东煤。由此可以看出,油页岩热解以产油为主,而准东煤热解以产气为主。在干燥无灰基下,油页岩的热解水产率高于准东煤的,而热解焦的产率低于准东煤的。由于油页岩具有极高的灰分,因此,在空气干燥基下,准东煤的热解水产率高于油页岩的,而热解焦的产率低于油页岩的。对于混合燃料(MF1—MF4)而言,随着准东煤比例的升高,热解油的产率降低,而热解气的产率增加。当准东煤比例为 5%、10% 和 15%时,混合燃料热解油产率高于单独油页岩热解的,分别增加了 6.82%、4.91% 和 2.89%。当准东煤比例为 5%时,二者共热解的油产率最高,为 35.68%,焦产率最低,为 48.84%。混合燃料的热解水和热解焦的产率均介于二者单独热解的产率之间,且随着准东煤比例的升高,热解水产率降低,而热解焦的产率增加。

进一步,比较表 3-1 和表 3-2 可以发现,油页岩和准东煤共热解产物分布与二者单独热解产物分布不是简单的线性关系,这表明二者在共热解过程中产生了相互作用和协同效应。由表中数据可知,对于混合燃料(MF1—MF4),其热解油和热解气的实际产率均高于二者的加权值,而热解水和热解焦的实际产率均低于二者的加权值,这对炼油厂页岩油和天然气的生产是有益的结果。进一步,当准东煤比例为 5%时,油页岩和准东煤共热解的协同效应最明显，热解油的实际产率较加权值提高了 8.20%，热解焦产率降低了 10.33%。而当准东煤比例为 20%时，二者共热解的热解气实际产率比加权值提高最明显，提高了 5.36%。

### 3.3.3 准东煤与油页岩共热解产物变化规律

#### 3.3.3.1 气相产物

图 3-2 所示为油页岩、准东煤及二者的混合燃料热解所得气相产物中六种气体（$H_2$、$CH_4$、$C_2H_4$、$C_2H_6$、CO 和 $CO_2$）浓度随温度的变化曲线。

如图 3-2(a)所示，所有样品热解气中 $H_2$的浓度均随着温度的升高而持续上升。当热解温度低于 400 ℃时，所有样品均未检测到 $H_2$，当温度超过 450 ℃时，$H_2$开始大量析出。油页岩和准东煤热解产生的 $H_2$在低温下主要来源于芳香环脱氢、脂肪族烷烃环化和环烷烃芳构化等，在高温下主要来源于芳香结构和杂环化合物的缩聚反应以及 C/CO 和 $H_2O$ 的反应。在相同温度下，准东煤热解气中 $H_2$的浓度高于油页岩，因此，随着混合燃料中准东煤比例的升高，混合燃料热解气中 $H_2$的浓度逐渐增多，且高于二者单独热解的加权值。结果表明，准东煤的存在能促进共热解过程中 $H_2$的释放，这是因为准东煤中富含的 AAEM 对 $H_2$的生成具有催化作用。同时，Popa 等[116]通过研究指出，AAEM 阳离子会与有机质反应（如羟基和羧基）生成 A—COOM 或 A—OM，并释放更多的氢自由基，导致 $H_2$浓度的增加。在 575 ℃的热解终温下，四种混合燃料热解气中的 $H_2$浓度均介于油页岩和准东煤单独热解的 $H_2$浓度之间。所有样品中，准东煤热解气中的 $H_2$浓度最高，为 38.26%。

如图 3-2(b)所示，随着温度的升高，所有样品的热解气中 $CH_4$的浓度呈波动型变化，总体呈上升趋势。当热解温度低于 400 ℃时，只有少量的 $CH_4$生成，而当热解温度超过 500 ℃ 时，$CH_4$开始大量释放。在相同条件下，当热解温度低于 450 ℃时，准东煤热解气中的 $CH_4$浓度高于油页岩热解气中的，而当温度超过 450 ℃以后，油页岩热解气中的 $CH_4$浓度高于准东煤热解气中的。油页岩和准东煤热解气体中 $CH_4$的释放主要来源于低温脱附、芳环和烷烃上的甲基和甲氧基的加氢反应。当热解温度超过 450 ℃时，四种混合燃料热解气中 $CH_4$的浓度相差不大，且基本介于准东煤和油页岩单独热解时 $CH_4$的浓度之间。特别地，在 575 ℃的热解终温下，MF4 热解气中的 $CH_4$浓度最高，为 23.73%，甚至超过了单独油页岩热解结果，这说明准东煤在油页岩热解过程中促进了 $CH_4$的析出。同时，混合燃料热解气中的 $CH_4$浓度的实验值均高于加权值，这是因为准东煤中 AAEM 的存在催化了甲基和甲氧基侧链的裂解反应，导致了 $CH_4$浓度的增加。

如图 3-2(c)所示，油页岩及混合燃料热解气中的 $C_2H_4$浓度随着温度的升高呈双峰式增长，而准东煤热解气中 $C_2H_4$ 浓度则呈单峰式增长。但所有样品中 $C_2H_4$的浓度均低于 3%，远低于其他五种气体的浓度。油页岩和准东煤热解气中的 $C_2H_4$来源于烷基自由基失去一个氢自由基。当热解温度低于 400 ℃时，几乎未检测到 $C_2H_4$，当热解温度高于 400 ℃时，$C_2H_4$开始生成并释放。当热解温度超过 450 ℃时，准东煤热解气中的 $C_2H_4$浓度高于油页岩热解气中的，且随着准东煤比例的增加，混合燃料热解气中 $C_2H_4$的浓度升高。当热解温度为 500 ℃时，不同比例的混合燃料热解气中 $C_2H_4$的浓度均低于油页岩和准东煤单独热解时热解气中 $C_2H_4$的浓度，这说明准东煤对 $C_2H_4$的生成有一定的抑制作用。当热解温度超过 550 ℃时，所有样品热解气中 $C_2H_4$的浓度均有一定程度的下降，由图中可以看出，其浓度

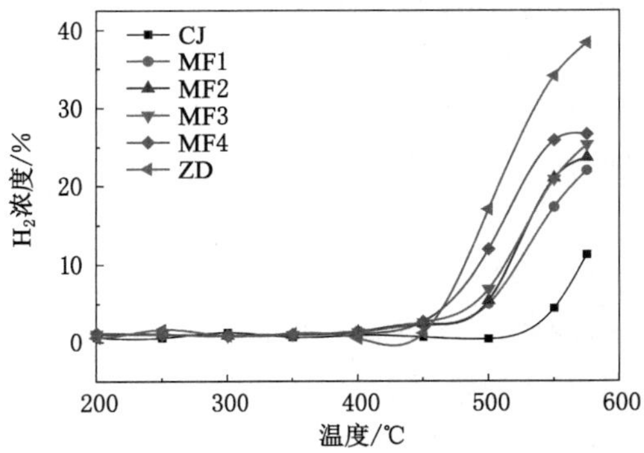


(a) $H_2$

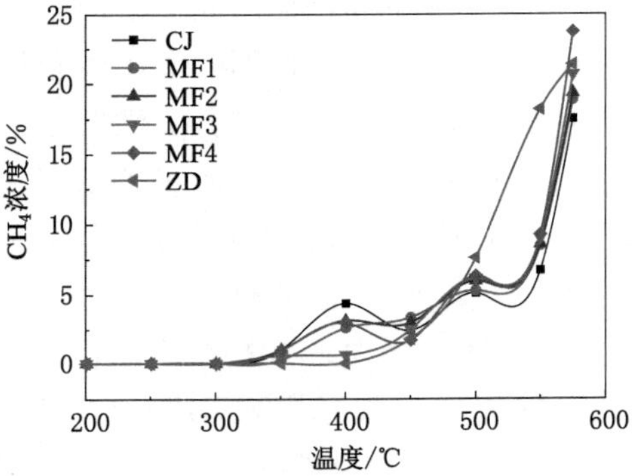


(b) $CH_4$

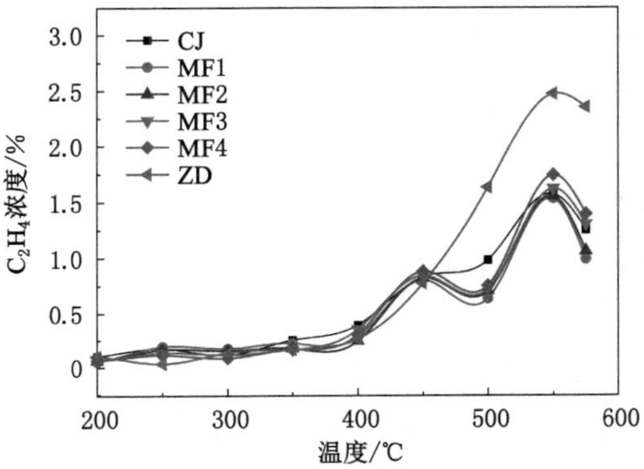


(c) $C_2H_4$

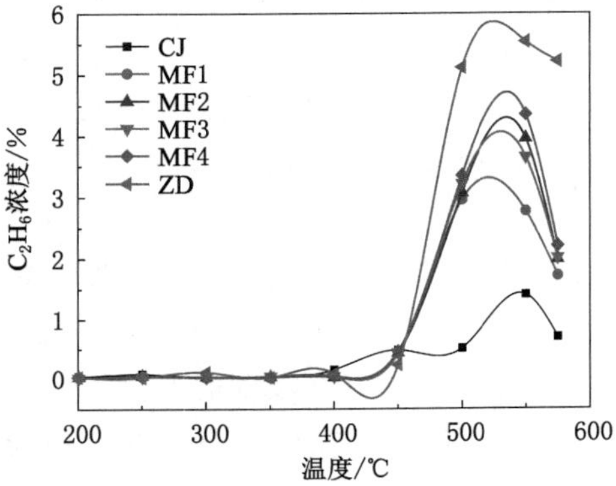


(d) $C_2H_6$

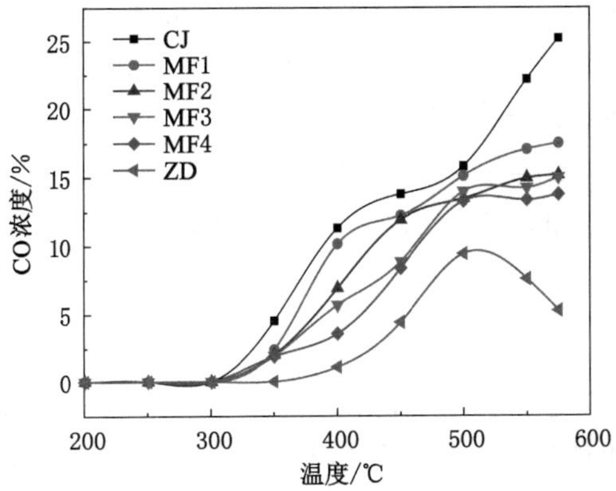


(e) CO

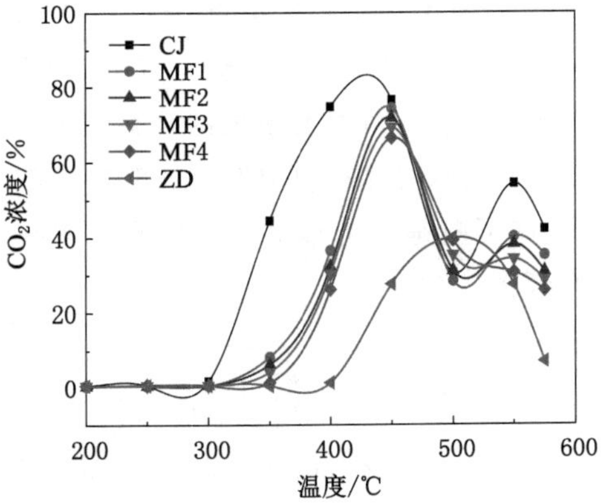


(f) $CO_2$

图 3-2　油页岩、准东煤及二者混合物的热解气组分浓度随温度的变化曲线

的最高值出现在 550 ℃时。然而，不同比例的混合燃料热解气中 $C_2H_4$浓度的实验值均低于加权值，这是因为准东煤中的 AAEM 对 $C_2H_4$的生成有一定的抑制作用，这在第 2 章已经得到证实。

如图 3-2(d)所示，所有样品的热解气中 $C_2H_6$浓度均随着温度的升高呈先快速上升后下降的趋势。所有样品的热解气中 $C_2H_6$在 450 ℃时开始析出，在 550 ℃时达到峰值。热解气中 $C_2H_6$的来源是脂肪烃的裂解和芳香环侧链的断裂。所有样品的热解气中 $C_2H_6$的含量较少，其浓度均低于 6%。在相同的热解温度下，准东煤热解气中的 $C_2H_6$浓度均高于油页岩热解气中的，而不同比例的混合燃料热解气中 $C_2H_6$ 的浓度均介于二者单独热解的 $C_2H_6$ 浓度之间，且随着准东煤比例的增加呈上升趋势。所有样品中，热解气中 $C_2H_6$ 浓度的最高值出现在热解温度为 550 ℃时，为准东煤热解气中 $C_2H_6$ 浓度(5.54%)。除此之外，混合燃料热解气中 $C_2H_6$ 的浓度的实验值均低于二者的加权值。这是由于准东煤中 AAEM 的存在抑制了油页岩热解过程中 $C_2H_6$ 的生成。

如图 3-2(e)所示，随着热解温度的升高，油页岩及混合燃料热解气中 CO 的浓度持续升高，而准东煤热解气中 CO 浓度则呈先上升后下降趋势。当热解温度低于 300 ℃时，所有样品中均未检测到 CO，当热解温度达到 350 ℃时，CO 开始析出。油页岩和准东煤热解气中的 CO 来源于羧基和醚键的断裂。在相同热解温度下，油页岩热解气中的 CO 浓度高于准东煤热解气中的。随着准东煤比例的升高，混合燃料热解气中 CO 的浓度降低。在所有样品中，当热解温度为 575 ℃时，油页岩热解气中 CO 浓度最高，为 25.21%。同时，对于混合燃料热解气中 CO 的浓度，其实验值低于二者的加权值。综上，准东煤的存在对油页岩热解气中 CO 的生成具有抑制作用。

如图 3-2(f)所示，油页岩和混合燃料热解气中 $CO_2$ 浓度随着热解温度的升高呈双峰式增长，而准东煤热解气中 $CO_2$ 浓度则呈单峰式增长。在所有样品的热解过程中，$CO_2$ 在温度达到 350 ℃时开始释放。油页岩和混合燃料热解气中 $CO_2$ 浓度的第一个峰值出现在 450 ℃，这是由于羧基在较低的温度下裂解，在该温度下产生大量 $CO_2$；$CO_2$ 浓度的第二个峰值出现在 550 ℃，这是由于该温度下醚键和含氧杂环的裂解。在相同温度下，油页岩热解气中的 $CO_2$ 浓度除了在 500 ℃以外，均高于准东煤热解气中的。当热解温度为 500 ℃时，混合燃料热解气中 $CO_2$ 的浓度随着准东煤比例的升高而升高，而在其他热解温度下，$CO_2$ 浓度的变化规律则呈相反的趋势。此外，混合燃料热解气中 $CO_2$ 的浓度的实验值均略高于二者的加权值，这是因为准东煤的存在促进了油页岩热解过程中 $CO_2$ 的形成。油页岩及混合燃料热解气中 $CO_2$ 浓度的峰值出现在 450 ℃，而准东煤热解气中 $CO_2$ 浓度的峰值出现在 500 ℃，这可能是因为油页岩有机质中的羧基含量高于准东煤的，而醚键和含氧杂环含量低于准东煤的。

#### 3.3.3.2 固相产物

根据文献[117-118]，利用 FTIR 分析了昌吉油页岩、准东煤热解过程中官能团的变化以及单独油页岩和混合样品的页岩焦表面官能团的差异，其红外吸收光谱如图 3-3 所示。由图 3-3(a)可以看出，对于昌吉油页岩，位于 3 699 $cm^{-1}$ 处和 3 622 $cm^{-1}$ 处的尖峰是高岭石内表面和黏土矿物中铝氧八面体的 O—H 伸缩振动[119]。在脂肪族碳氢化合物中，位于 2 920 $cm^{-1}$ 处和 2 860 $cm^{-1}$ 处的尖峰为—$CH_3$ 的不对称和对称 C—H 延伸。位于 1 639 $cm^{-1}$ 处的吸收峰与 C═C 在有机芳香环中的骨架振动有关。位于 1 434 $cm^{-1}$ 处的吸收峰是不对称—$CH_3$ 和对称—$CH_2$ 的弯曲振动引起的。而位于 1 033 $cm^{-1}$ 和 1 099 $cm^{-1}$ 附近的宽峰则归因于油页岩灰分中高岭石、石英的 Si—O 键。位于 909 $cm^{-1}$ 处的吸收峰是烯烃中 C—H 的弯曲振动。位于 798 $cm^{-1}$ 处和 778 $cm^{-1}$ 处的尖峰是间二取代苯中 C—H 弯曲振动的特征峰。位于 692 $cm^{-1}$ 处的吸收峰与单取代苯中 C—H 的弯曲振动有关。另外，位于 539 $cm^{-1}$ 处的吸收峰为 S—S 键的特征峰，位于 466 $cm^{-1}$ 处的吸收峰为石英和黏土矿物的 Si—O 键。油页岩富含硅、铝元素，灰分含量高，红外分析结果中含有大量无机成分。

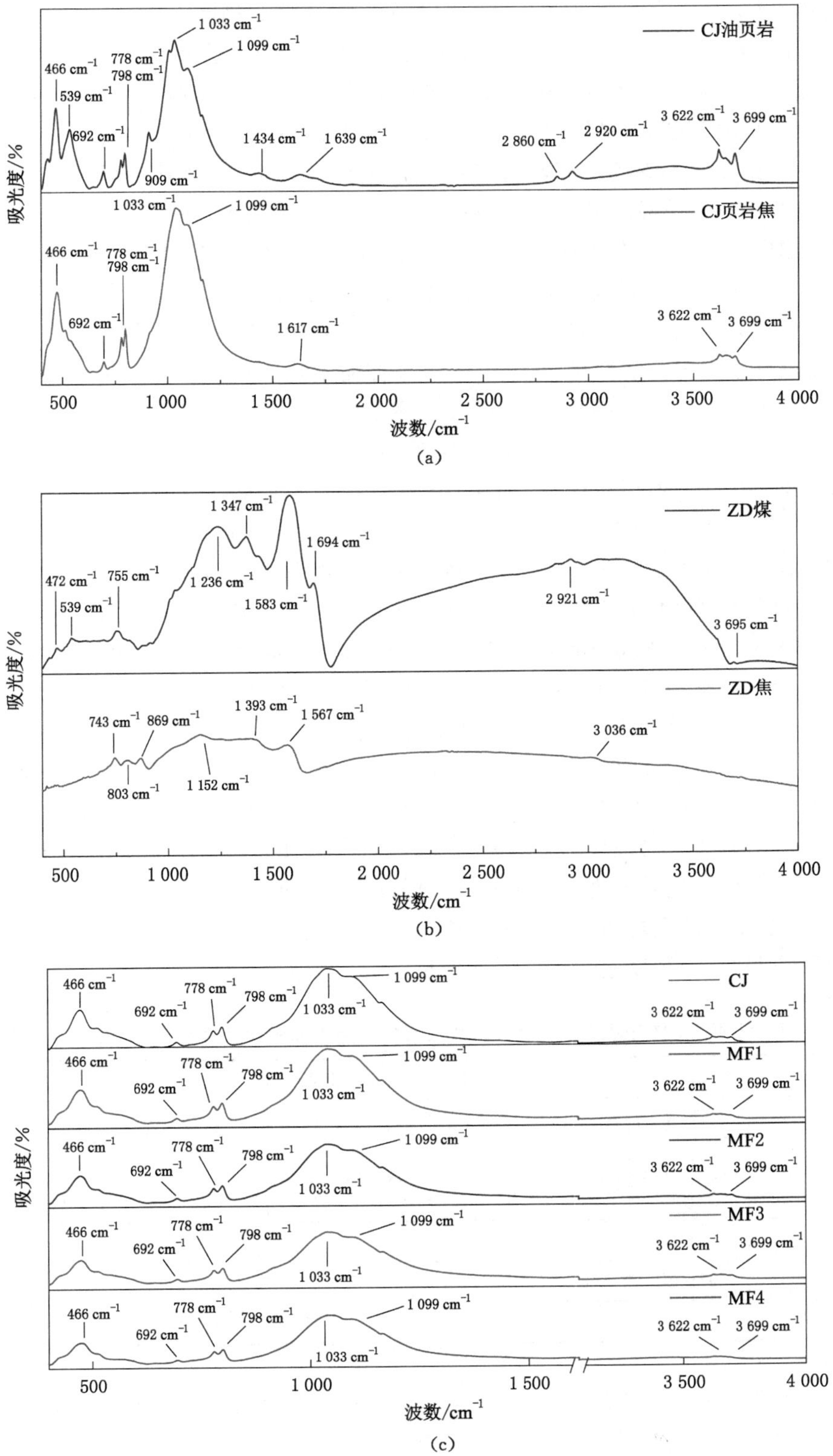


图 3-3　不同样品热解页岩焦的红外谱图

对于页岩焦，位于 3 699 $cm^{-1}$处和 3 622 $cm^{-1}$处的吸收峰为高岭石内表面水和黏土矿物中铝氧八面体的 O—H 拉伸振动，但强度有所减弱，说明黏土矿物在热解过程中释放了层间水。页岩焦在 2 920 $cm^{-1}$处和 2 860 $cm^{-1}$处的吸收峰消失，这是由于油页岩热解过程中脂肪族侧链发生裂解反应。同时，位于 1 434 $cm^{-1}$和 1 639 $cm^{-1}$处的吸收峰消失，生成了位于 1 617 $cm^{-1}$的新峰，为苯环 C═C 的骨架振动。位于 909 $cm^{-1}$处的吸收峰消失，这是由于油页岩烯烃中的 C—H 键裂解成小分子而释放出来。最后，位于 539 $cm^{-1}$处的 S—S 键在热解过程中随油页岩大分子裂解释放，因此在页岩焦中未发现 S—S 键。

图 3-3(b)所示为准东煤及其煤焦中官能团的变化对比图。分析该图可知，对于准东煤而言，位于 3 695 $cm^{-1}$处的尖峰是高岭石内表面的 O—H 伸缩振动。位于 2 921 $cm^{-1}$处的吸收峰为脂肪族烃—$CH_3$中的不对称与对称的 C—H 伸缩振动。位于 1 694 $cm^{-1}$处和 1 583 $cm^{-1}$处的尖峰分别为烯烃的 C═C 伸缩振动和取代苯的 C═C 骨架振动。位于 1 347 $cm^{-1}$处的吸收峰与 C—H 在烷烃或烯烃中的弯曲振动有关。而位于 1 236 $cm^{-1}$处和 755 $cm^{-1}$处的吸收峰与取代苯中 C—H 的弯曲振动有关。此外，位于 539 $cm^{-1}$处和 472 $cm^{-1}$处的吸收峰分别为黏土矿物中的 S—S 键和—OH。对于准东煤焦，位于 3 695 $cm^{-1}$处的吸收峰消失，这是由于矿物水在热解过程中的蒸发。位于 2 921 $cm^{-1}$处的吸收峰消失，生成了 3 036 $cm^{-1}$处的吸收峰，此为 C—H 在取代苯中的伸缩振动，这表明脂肪烃发生了缩合反应，生成了苯环。而位于 1 567 $cm^{-1}$处、869 $cm^{-1}$处、803 $cm^{-1}$处和 743 $cm^{-1}$处的吸收峰为取代苯的 C═C 骨架振动。位于 1 393 $cm^{-1}$处和 1 152 $cm^{-1}$处的吸收峰为烷烃的 C—C 伸缩振动。

图 3-3(c)比较了页岩焦与混合燃料热解焦官能团的差异。结果表明，混合燃料热解焦中官能团的类别与昌吉油页岩基本相同，而同一官能团在不同混合燃料中的透射率值则不同。这一现象表明，准东煤的加入对混合燃料热解焦中官能团的类型影响不大。然而，混合燃料参与反应的有机质的性质和油页岩单独热解有较大的差异，也就是说气相产物和固相产物有较大的不同。这是因为准东煤的加入可以促进油页岩中有机物的裂解和挥发性油和气体的释放，改变了油页岩的热解行为。表 3-3 列出了油页岩、准东煤及二者混合燃料热解焦的比表面积和孔体积，以进一步说明这一现象。

**表 3-3　油页岩、准东煤及二者混合燃料热解焦的比表面积和孔体积(实验值和加权值)**

| 类别 | 样品 | CJ | MF1 | MF2 | MF3 | MF4 | ZD |
|---|---|---|---|---|---|---|---|
| 比表面积 /($m^2$/g) | 实验值 | 26.06 | 40.46 | 55.49 | 62.81 | 69.96 | 207.47 |
| | 加权值 | 26.06 | 35.13 | 44.24 | 53.27 | 62.34 | 207.47 |
| | 差值 | 0 | 5.33 | 11.25 | 9.54 | 7.62 | 0 |
| 孔体积 /($\times 10^{-4}$ mL/g) | 实验值 | 687.52 | 761.18 | 819.48 | 838.25 | 861.95 | 1303.76 |
| | 加权值 | 687.52 | 718.33 | 749.14 | 779.96 | 810.76 | 1303.76 |
| | 差值 | 0 | 42.85 | 70.34 | 58.29 | 51.19 | 0 |

由表 3-3 可以看出，准东煤焦的比表面积和孔体积均远高于页岩焦。这是由于准东煤具有较多的挥发性油气，而油页岩含有更多的灰分。而混合燃料焦的比表面积和孔体积均介于准东煤焦和页岩焦之间，且随着准东煤比例的增加而增大。混合燃料焦比表面积和孔体积的实验值均高于加权值，说明准东煤的存在有利于油页岩中挥发性油和气的析出，孔的

比表面积和体积增大。当准东煤比例为 10％时，MF2 热解焦的比表面积和孔体积的实验值与加权值的差异最大，说明在该配比下准东煤对油页岩中挥发油和气体的促进作用最强，协同作用最显著。此外，准东煤的加入使得混合燃料的热解焦中产生更多较大的孔隙，这促进了传质和传热，使挥发油和气体更容易挥发，进一步加速了反应过程[120]。综上，在准东煤和油页岩的共热解过程中产生了一些积极的协同作用（将于第 3.3.4 部分进行深入讨论）。

3.3.3.3　*液相产物*

采用气相色谱-质谱联用测定了昌吉油页岩、准东煤及二者混合燃料在 575 ℃终温下热解得到的产品油的化学组成和分类，其总离子色谱图和主要组分的相对含量分别见图 3-4 和表 3-4。可以看出，热解油的化学组成可分为烷烃、烯烃、芳香烃和杂原子化合物，采用面积归一法计算了它们的相对含量。其中杂原子化合物包括含氧化合物、含氮化合物和含硫化合物。

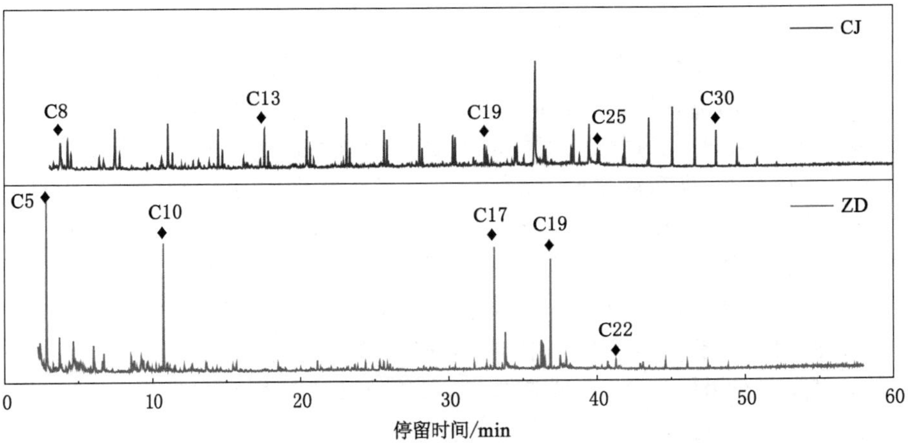


(a)

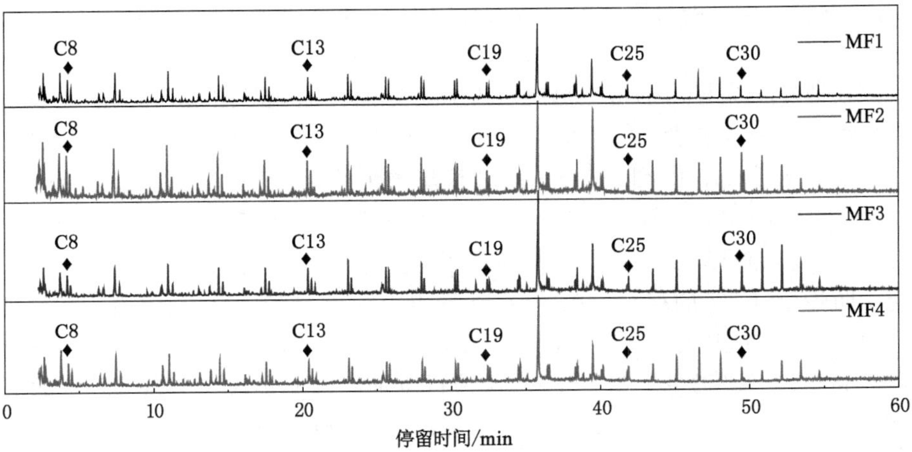


(b)

图 3-4　单独和混合燃料热解得到热解油的总离子图

表 3-4　单独及混合燃料热解得到热解油中主要组分的相对含量　　%

| 成分 | CJ | MF1 | MF2 | MF3 | MF4 | ZD |
|---|---|---|---|---|---|---|
| 烷烃 | 54.05 | 53.57 | 51.40 | 50.37 | 48.45 | 17.43 |
| 烯烃 | 32.47 | 28.07 | 26.28 | 25.46 | 22.88 | 11.86 |
| 芳香烃 | 8.10 | 11.47 | 13.55 | 14.99 | 16.75 | 52.03 |
| 杂原子化合物 | 5.38 | 6.89 | 8.77 | 9.18 | 11.92 | 18.68 |

如表 3-4 所示，对于昌吉油页岩而言，其页岩油中脂肪族烃相对含量超过 85%，因此，脂肪烃在页岩油中占主导地位[121]，这是因为油页岩干酪根大分子结构中以脂肪链为主。准东煤焦油中含有大量的芳香族化合物，其中苯和取代苯的相对含量占 27.62%，苯酚占 12.95%，多环芳烃占 11.46%。而脂肪烃的相对含量较小，为 29.29%。这是由于准东煤中丰富的钙对脱氧和芳构化反应有相当大的影响，CaO 的存在通过选择性脱羧反应促进了芳构化，导致了芳香烃的增加和羧酸的减少[122]。混合燃料页岩油中烷烃、烯烃、芳香族化合物和杂原子化合物相对含量均介于油页岩热解的页岩油和准东煤热解的煤焦油之间。混合燃料页岩油中烷烃和烯烃相对含量随准东煤比例的增加略有下降，而芳香族化合物和杂原子化合物的相对含量则呈相反趋势。此外，混合燃料的页岩油中烷烃相对含量的实验值高于加权值，表明准东煤的存在促进了烷烃的形成。这是因为油页岩在热解过程中产生大量烷基自由基和氢自由基，准东煤中的 Na 促进了烷基自由基和氢自由基结合，虽然 Ca 和 Mg 具有一定抑制作用，但 Ca 和 Mg 的抑制作用小于 Na 的促进作用，最终导致烷烃的增加。此外，AAEM 可以与羧酸反应生成具有较高脱羧活性的羧酸盐，从而发生脱羧反应并产生更多的烷烃。混合燃料的页岩油中烯烃相对含量的实验值低于理论值，说明准东煤对烯烃的形成有抑制作用。这是因为准东煤中的 Na 抑制烷基自由基失去一个氢自由基的反应，而 Ca 和 Mg 的促进作用低于 Na 的抑制作用，最终导致烯烃相对含量降低[123]。此外，混合燃料的页岩油中芳香族化合物的相对含量实验值高于理论值，因为准东煤的加入使得更多的钙离子进入油页岩，从而促进了芳构化反应。由于准东煤富含氧元素，起到促进作用的 AAEM 的含氧酸盐也可能将更多的氧带入页岩油中，使得杂原子化合物的相对含量较加权值有所提高。

为了深入研究准东煤对油页岩热解产生的页岩油样品化学组成的影响，根据碳原子数将脂肪族烃进一步分为五类[124]。图 3-5 所示为油页岩、准东煤及混合燃料热解油中脂肪族化合物的碳原子数分布。由图 3-5 可知，对于昌吉油页岩，其页岩油中短链脂肪烃（C8～C13 和 C14～C19）的相对含量分别为 38.74%和 26.76%。对于准东煤，其焦油中含有较少的脂肪烃，而短链脂肪烃（C8～C13）在准东煤焦油中占主导地位，占 80%左右，在其中未检测到长链脂肪烃（>C20）的存在。此外，在油页岩中加入准东煤以后，随着准东煤比例的增加，混合燃料的热解油中短链脂肪烃（C8～C13 和 C14～C19）的相对含量增加，中链脂肪烃（C20～C25 和 C26～C30）的相对含量减少，使得重油向轻质油转化。这是由于准东煤中的短链脂肪烃含量较多。同时，AAEM 具有较多的活性位点，长链脂肪烃可在这些活性位点催化裂解成短链脂肪烃[125-126]，从而使页岩油短链脂肪烃增加和轻质化。

### 3.3.4　准东煤与油页岩共热解协同性分析

图 3-6 所示为不同混合燃料 TG-DTG 曲线的实验值和加权值对比。根据图 3-6 和

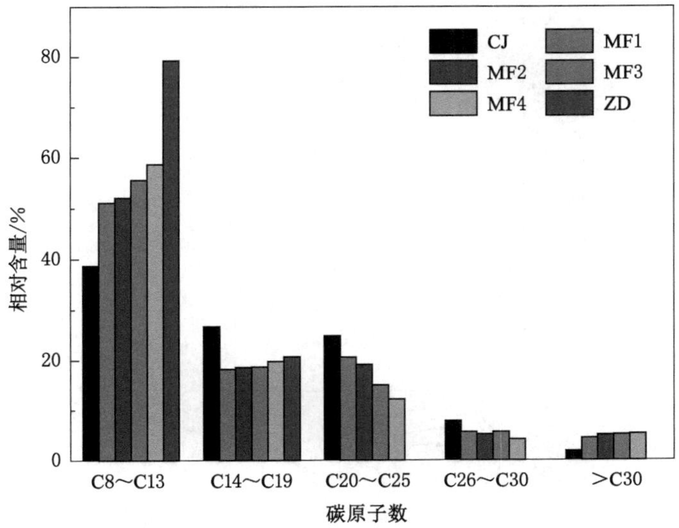


图 3-5　页岩油、焦油及混合燃料热解油中脂肪烃的碳原子数分布

式(3-5)计算协同效应指数 $F$,结果见表 3-5。如图 3-6 所示,当热解温度低于 475 ℃时,混合燃料在热解过程中失重的实验值低于加权值,而当热解温度超过 475 ℃时,则实验值高于加权值。因此,在最终热解温度下,不同混合燃料形成的页岩焦的实际产率低于加权值,这与

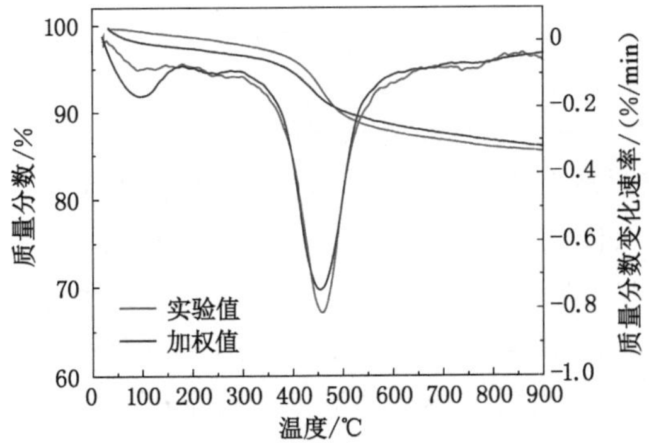


(a) MF1

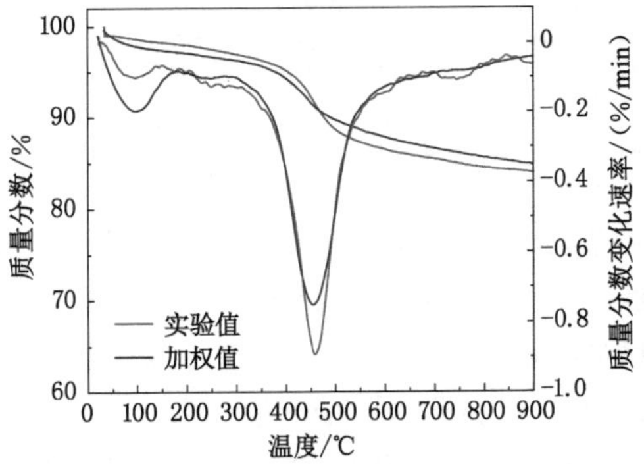


(b) MF2

图 3-6　不同混合燃料热失重 TG-DTG 曲线的实验值和加权值对比

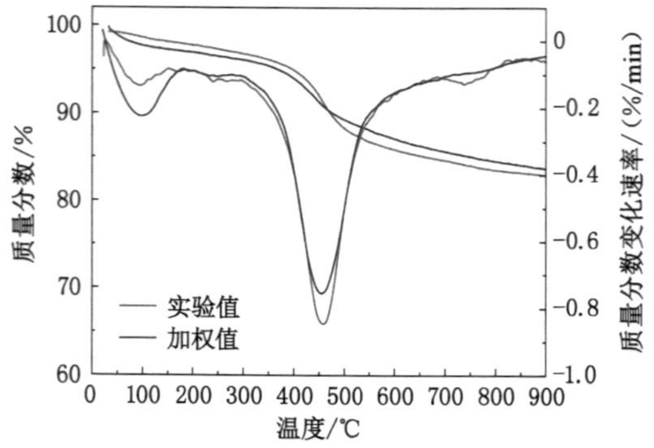


(c) MF3

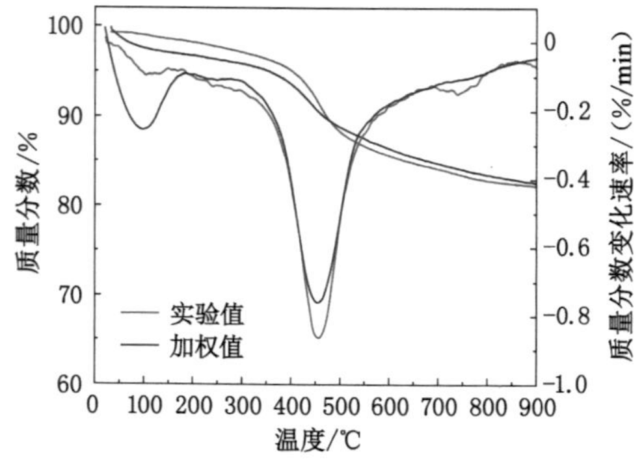


(d) MF4

图 3-6 （续）

热解产物分布的实验值与加权值比较结果相一致。此外，这些混合燃料的最大失重速率实验值均高于加权值，这表明准东煤和昌吉油页岩在共热解过程中存在相互促进作用。同时，MF2 的最大失重速率与加权值的差异最显著。如表 3-5 所示，四种混合燃料的共热解协同效应指数均大于 1，说明油页岩和准东煤在共热解时，其失重速率和热解行为均存在协同效应。随着准东煤比例的增加，混合燃料的 $F$ 值先增大后减小。其中，MF2 的 $F$ 值最大，说明当准东煤比例为 10%时，二者的共热解协同效应最显著。

**表 3-5　不同混合燃料的协同效应指数**

| 样品 | CJ | MF1 | MF2 | MF3 | MF4 |
|---|---|---|---|---|---|
| $F$ | 1.00 | 1.10 | 1.19 | 1.15 | 1.12 |

图 3-7 显示了不同混合燃料在不同温度下的转化率实验值与加权值的差值($\Delta\alpha$)随温度变化的曲线，即协同效应曲线。由图 3-7 可以看出，不同混合燃料的协同效应曲线在不同温度下均偏离了零线，这表明在油页岩和准东煤共热解过程中在转化率方面存在抑制或促进作用。当热解温度低于 455 ℃时，协同效应曲线位于零线以下，表现为抑制作用；而当热解温度高于 455 ℃时，协同效应曲线位于零线以上，表现为促进作用。因此，准东煤与昌吉油页岩共热解过程中的协同效应发生在高温区和热解后期，这主要是因为 AAEM 在高温下的催化活性显著。此外，协同作用来源于准东煤中 AAEM 的催化作用。AAEM 作为中间

体，在矿物质与油页岩基质之间相互转化，反复参与化学键的形成和断裂，加速了油页岩的热解过程[127]。当热解温度为 455～550 ℃时，$\Delta\alpha$ 值迅速增大，在该温度范围内大量的页岩油产出，表现出显著的促进作用。同时，当准东煤比例为 10%时，协同效应最为显著，优于其他混合燃料，其结果与协同效应指数 $F$ 相一致。

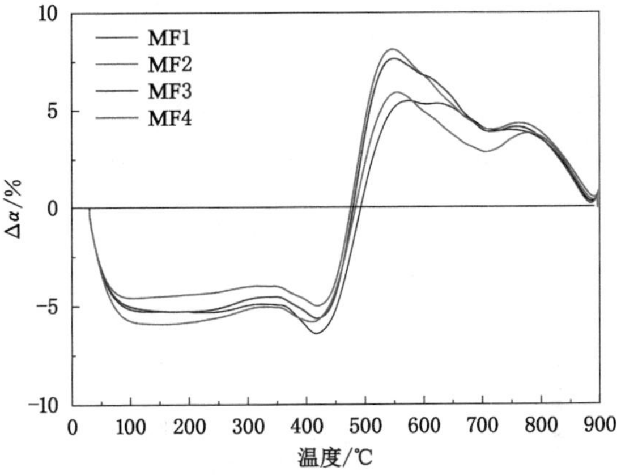


图 3-7　不同混合燃料热解的协同效应曲线

## 3.3.5　准东煤与油页岩共热解动力学分析

### 3.3.5.1　准东煤与油页岩共热解活化能变化规律

图 3-8 所示为利用 Starink 法和 FWO 法得到的不同比例油页岩和准东煤混合样品共热解活化能随转化率的变化关系，升温速率分别为 5 ℃/min、10 ℃/min 和 20 ℃/min。所得活化能的线性相关系数（$R^2$）均大于 0.99，表明结果具有较高的准确性。Starink 法和 FWO 法得到的热解活化能极其接近，说明活化能可以通过不同参数的方程和假设模型来计算，且两种方法均是可靠的[128-129]。

如图 3-8 所示，随着转化率的升高，准东煤热解反应的活化能不断上升，而昌吉油页岩和混合燃料的热解活化能呈波动变化趋势。此外，当转化率小于 0.5 时，准东煤的热解反应活化能小于油页岩的，而当转化率大于 0.5 时，准东煤的热解反应活化能则大于油页岩的。活化能的大小与热解过程中发生的反应密切相关。对于准东煤来说，在初始阶段，当转化率为 0.1～0.2 时，其活化能值较小，这是因为在 100～200 ℃时，热解反应主要为水分的蒸发和吸附气体释放，反应所需能量较小。当转化率升高至 0.3～0.6，温度为 300～600 ℃时，其活化能值由 28.65 kJ/mol 迅速增加到 266.74 kJ/mol，这是由于该阶段准东煤开始分解为热解气和焦油，裂解、聚合、芳构化等反应需要更多能量。此外，当转化率达到 0.7～0.9，温度超过 600 ℃时，其活化能值进一步增加到 300.21～334.15 kJ/mol，焦油完全析出，该阶段主要是有机质的二次热解和复杂矿物质的分解，这一阶段需要大量的能量。对于昌吉油页岩而言，其热解也分为三个阶段，第一阶段是转化率为 0.1～0.2 时，该阶段主要为水分蒸发和吸附气体的释放，但油页岩灰分较高，比表面积很小，孔隙不发达，因此，在该转化率下油页岩的热解活化能值大于准东煤。第二阶段是转化率为 0.3～0.7 时，该阶段为干酪根大分子的热分解，其活化能保持平稳，在 200 kJ/mol 左右。第三阶段是转化率为 0.8～0.9

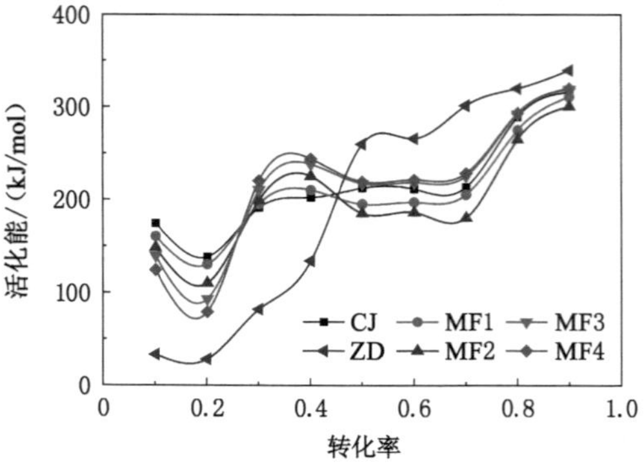

(a) FWO法

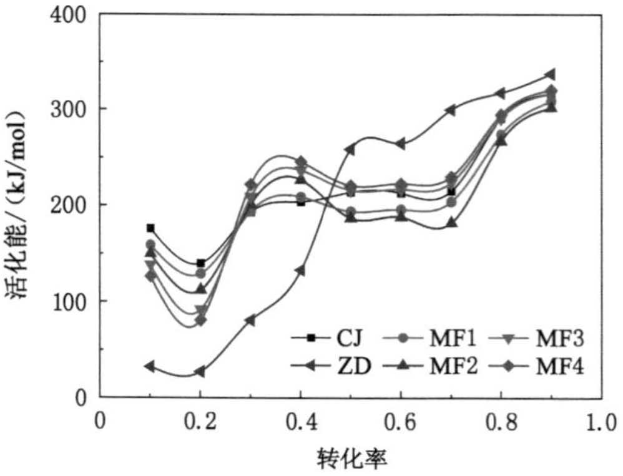

(b) Starink法

图 3-8 利用 Starink 法和 FWO 法计算的单独和混合燃料的活化能随转化率的变化关系

时，该阶段热解活化能进一步增大，这是因为油页岩中的矿物难以分解。

对于混合燃料(MF1—MF4)，当转化率为 0.1～0.2 时，其活化能介于单独准东煤和油页岩热解活化能之间，且活化能值随准东煤比例的增加而减小。当转化率为 0.2～0.4 时，活化能均大于单独准东煤和油页岩热解活化能。当转化率大于 0.5 时，混合燃料 MF1 和 MF2 的活化能小于单独准东煤和油页岩热解活化能，从由 MF1 和 MF2，活化能由 212.69 kJ/mol 降至 180.55～191.37 kJ/mol，这说明当准东煤比例为 5%～10%时，降低热解反应活化能的效果最显著，且准东煤比例为 10%时的效果优于 5%时的。MF3 和 MF4 的活化能值介于单独准东煤和油页岩热解活化能之间，但均小于二者的加权值。在共热解过程中，当转化率超过 0.5，即热解温度高于 475 ℃时，产生了协同效应，这与图 3-7 的协同曲线结果一致。热解转化率为 0.5～0.7 时是页岩油气形成的主要阶段，准东煤中的 AAEM 在这一阶段催化干酪根中有机大分子裂解为小分子气体和页岩油，从而使共热解过程更容易进行。

3.3.5.2 机理函数的确定

根据 Starink 法和 FWO 法计算得到的各转化率下的活化能和 Dolye 近似式，得到不同升温速率下的实验曲线 $P(u)/P(u_{0.5})$，其中计算所用的活化能采用 Starink 法和 FWO 法的平均值，其结果见图 3-9。由图 3-9 可知，油页岩、准东煤及二者不同比例的混合燃料在三个升温速率(5 ℃/min、10 ℃/min 和 20 ℃/min)下共热解的实验曲线形状一致且基本重合，说明该热解过程的热失重可用单一的动力学机理描述。

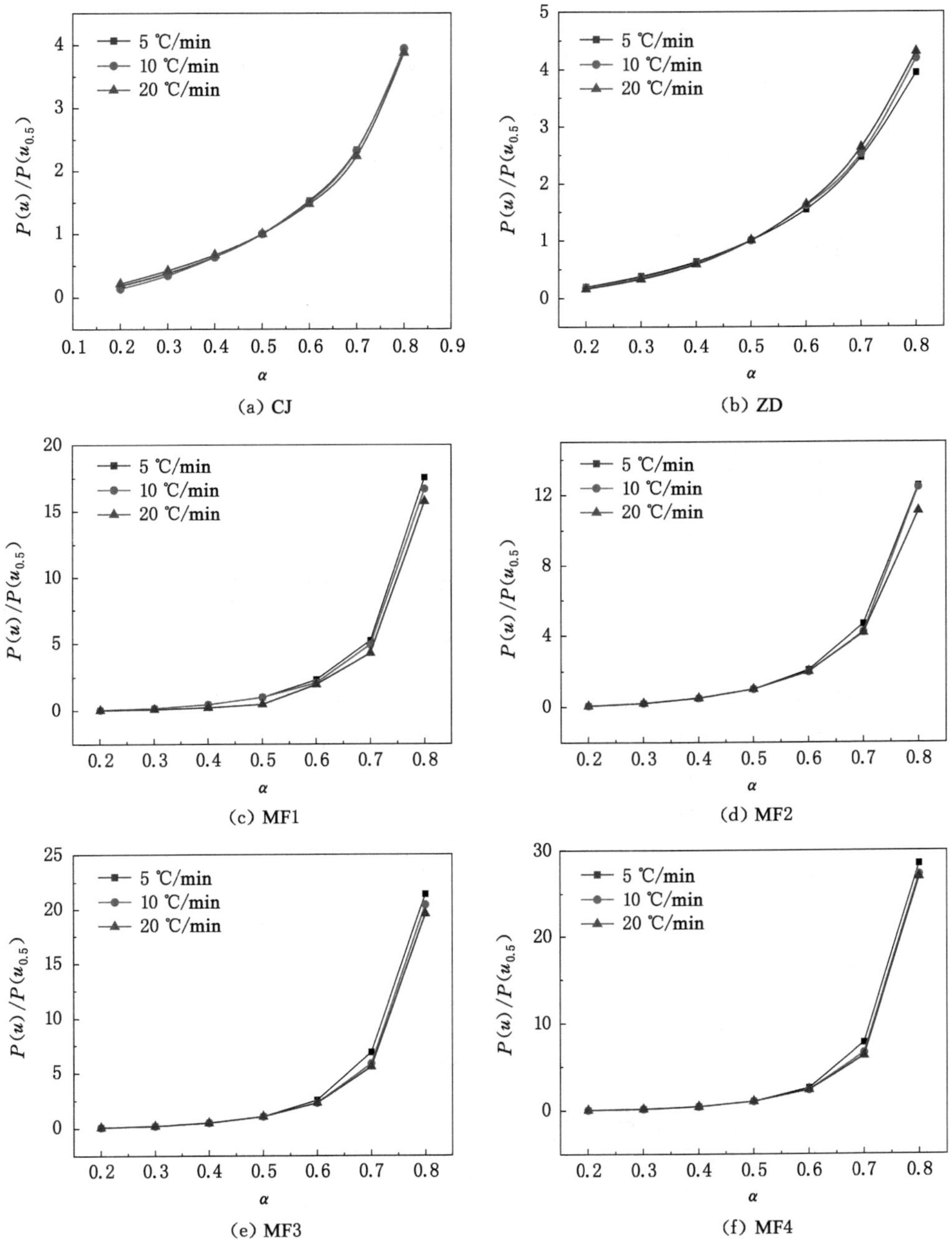


图 3-9　不同比例混合燃料在不同升温速率下热解的实验曲线

进一步，取升温速率为 10 ℃/min 下的油页岩与准东煤共热解实验曲线与采用 15 种动力学模型函数绘制的标准曲线对比，其结果见图 3-10。如果实验曲线与某一机理函数的标准曲线重合，说明该热解反应的最概然机理函数为与之重合的标准曲线所对应的机理函数。由图 3-10(a)至图 3-10(f)可知，以 10 ℃/min 为例的四种不同油页岩样品的实验曲线与任何一条标准曲线均不重合，但与 $F_1$ 至 $F_3$ 变化趋势一致，且介于它们之间，这说明不能用整

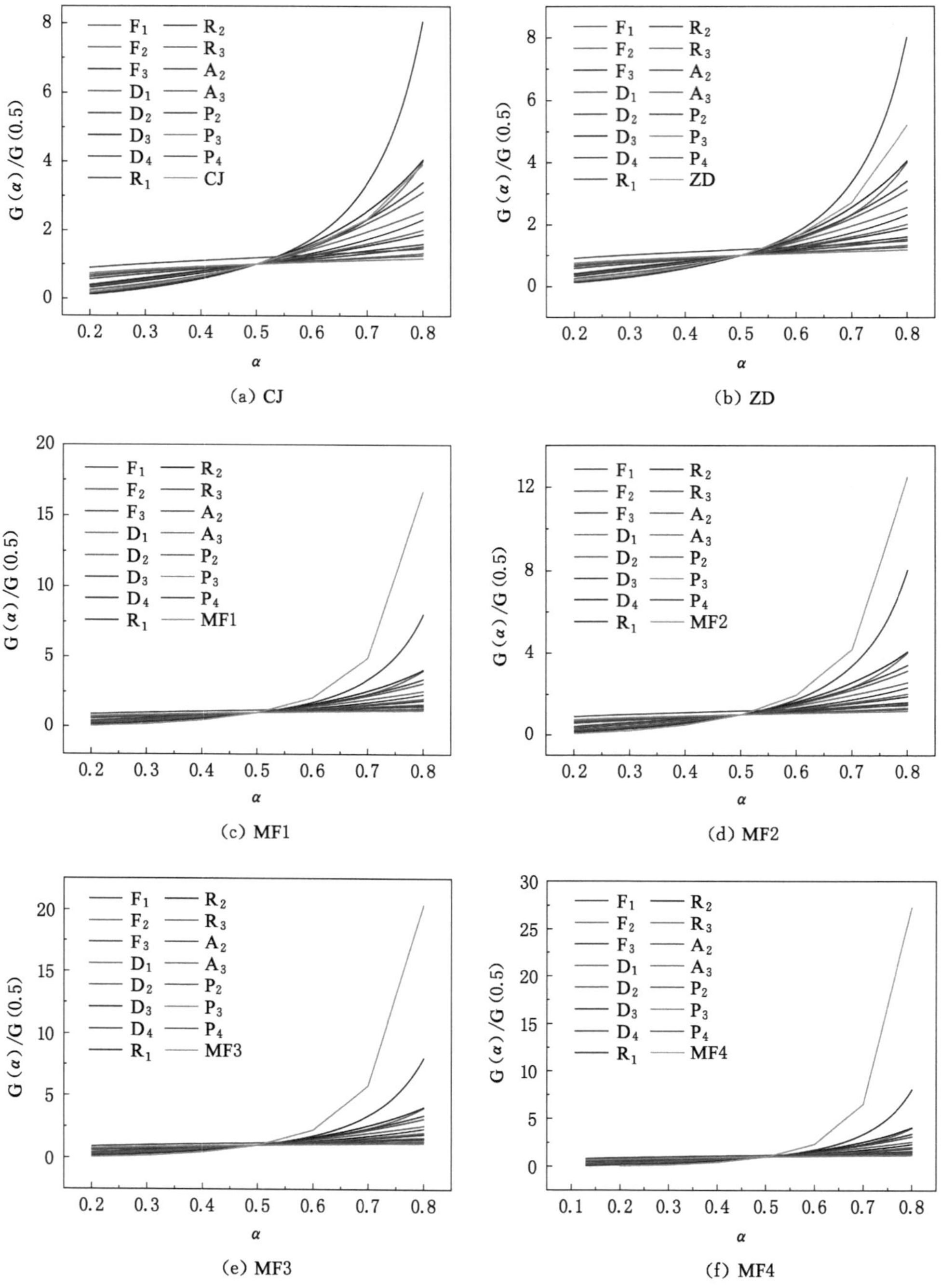


图 3-10　油页岩、准东煤及混合燃料热解的实验曲线与标准曲线对比

数来描述动力学机理，因此，油页岩、准东煤及二者共热解过程均为级数反应模型，但动力学机理均偏离了理想模型，需要进一步确定 $n$ 值。

如图 3-10 所示，根据实验曲线与标准曲线的相对位置，确定了昌吉油页岩热解反应机理函数的 $n$ 值均介于 2 和 3 之间，而准东煤和不同比例的混合燃料 MF1—MF4 热解反应机

理函数的 $n$ 值均高于 3。进一步，利用机理函数中的级数反应模型，并将转化率 $\alpha$ 代入 $G(\alpha)$。然后，根据公式(1-22)所述的表达式，先利用平均活化能 $E$，不同转化率对应的温度 $T$ 求得 $u$，并将 $u$ 代入式(1-23)得到 $P(u)$，以 $G(\alpha)$对 $EP(u)/(\beta R)$作图，并采用最小二乘法进行线性拟合，得到一条截距接近为零，斜率为指前因子 $A$ 的直线。然后，油页岩、准东煤和二者混合燃料在确定的 $n$ 值范围内，以步长为 0.1 适取不同的 $n$ 值，当拟合直线的相关系数 $R^2$ 达到最高，且接近 1 时，则确定了最合适的热解反应级数 $n$ 值。最终确定了油页岩、准东煤单独热解及不同比例下二者共热解过程的动力学三因子，结果见表 3-6。

**表 3-6　油页岩、准东煤及二者混合燃料热解的动力学参数**

| 样品 | $E$/(kJ/mol) | $A$/($s^{-1}$) | $f(\alpha)$ | $R^2$ |
|---|---|---|---|---|
| CJ | 168.76 | $6.58\times10^{11}$ | $(1-\alpha)^{2.1}$ | 0.996 0 |
| MF1 | 278.38 | $3.06\times10^{20}$ | $(1-\alpha)^{4.3}$ | 0.999 8 |
| MF2 | 245.51 | $3.46\times10^{17}$ | $(1-\alpha)^{3.4}$ | 0.999 7 |
| MF3 | 283.02 | $2.41\times10^{20}$ | $(1-\alpha)^{4.0}$ | 0.999 9 |
| MF4 | 291.14 | $9.79\times10^{20}$ | $(1-\alpha)^{4.5}$ | 0.999 9 |
| ZD | 157.19 | $2.15\times10^{10}$ | $(1-\alpha)^{3.1}$ | 0.995 2 |

由表 3-6 可知，昌吉油页岩、准东煤单独热解及四个比例混合燃料共热解的机理函数分别为 $f_{CJ}(\alpha)=(1-\alpha)^{2.1}$、$f_{ZD}(\alpha)=(1-\alpha)^{3.1}$、$f_{MF1}(\alpha)=(1-\alpha)^{4.3}$、$f_{MF2}(\alpha)=(1-\alpha)^{3.4}$、$f_{MF3}(\alpha)=(1-\alpha)^{4.0}$ 和 $f_{MF4}(\alpha)=(1-\alpha)^{4.5}$。其指前因子分别为 $6.58\times10^{11}$ $s^{-1}$、$2.15\times10^{10}$ $s^{-1}$、$3.06\times10^{20}$ $s^{-1}$、$3.46\times10^{17}$ $s^{-1}$、$2.41\times10^{20}$ $s^{-1}$和 $9.79\times10^{20}$ $s^{-1}$。昌吉油页岩、准东煤单独热解及四个比例混合燃料共热解的反应机理均为级数反应模型，但 $n$ 值不同，准东煤热解反应机理函数的 $n$ 值高于油页岩，四个比例混合燃料共热解机理函数的 $n$ 值均高于昌吉油页岩和准东煤单独热解。线性拟合相关系数 $R^2$ 均高于 0.99，说明求得的动力学三因子的结果是可靠的。

# 第4章　昌吉油页岩/半焦与准东煤共燃烧过程AAEM迁移规律

## 4.1　引言

准东煤为煤化程度低，易着火，易燃尽，中高水分，低灰分，高挥发分，中等发热值，强结渣，高碱金属含量，强沾污煤质[130-131]。由于AAEM的挥发造成了准东煤在电厂燃烧过程中易引起换热面和炉壁的沾污、结渣和腐蚀等问题这些问题，不仅降低了换热面的换热效率，而且严重影响电厂锅炉运行安全和使用寿命。大量的研究结果表明[132-134]，硅、铝等元素为煤灰中的有益元素，煤中的AAEM可以和硅、铝等矿物质发生反应生成硅铝酸盐而沉积在煤灰中，抑制其挥发至气相，有效解决由AAEM带来的沾污、腐蚀等问题。油页岩是一种富含硅、铝等元素且具有易燃性的沉积岩[135-136]，对高碱煤燃烧过程中AAEM的挥发和沾污有抑制作用，同时可作为耐熔剂用来提高准东煤的灰熔点。采用油页岩及其半焦作为准东煤添加剂进行固碱燃烧的研究较少。因此，本章选取昌吉油页岩及其页岩焦作为准东高碱煤添加剂进行混合燃烧，并对混合燃料燃烧过程中的固钠/钙率、灰熔融特性和AAEM的迁移规律进行充分研究。

## 4.2　实验部分

### 4.2.1　实验原料

将准东煤和油页岩破碎并筛分后，分别按照95：5、90：10、85：15、80：20和75：25等五个比例混合，即油页岩掺入比例分别为5%、10%、15%、20%和25%，分别记为ZD、MY1、MY2、MY3、MY4和MY5。本章实验用页岩焦来源于第2章中昌吉油页岩热解终温为575 ℃时热解得到的固体产物，并与准东煤按照5：95、10：90、15：85、20：80和25：75等五个比例的比例混合，即页岩焦掺入比例分别为5%、10%、15%、20%和25%，分别记为MC1、MC2、MC3、MC4和MC5。分别取上述混合样品10 g放在烧杯中加入100 mL去离子水，在磁力搅拌器上搅拌12 h，以保证混合均匀，并在鼓风干燥箱里干燥12 h。烘干后收集样品待用。

### 4.2.2　固定床燃烧实验

将处理好的混合燃料分别放入固定床燃烧实验装置中进行灰化，程序升温控制为：900 ℃以下升温速率为10 ℃/min，900 ℃以上升温速率为5 ℃/min。燃烧气氛为空气，空气流速控制为0.5 L/min,燃烧终温分别设置为850 ℃,950 ℃,1 050 ℃,1 150 ℃并恒温1 h,确保混合燃料灰化完全,得到不同掺配比例混合燃料在不同灰化温度下燃烧的灰样。为了避免灰中挥发性矿物组分的逃逸,准东煤和昌吉油页岩采用575 ℃为终温进行低温灰化,升温速率为10 ℃/min,在终温下保持120 min,以保证灰化完全。准东煤和昌吉油页岩的低温灰保留了其中的原生矿物质,降低了由于高温燃烧带来的误差,保证了测试的准确性。

### 4.2.3　表征方法

#### 4.2.3.1　钠/钙含量的测定

采用赛默飞世尔科技(中国)有限公司的ICAP 6000 Series电感耦合等离子体发射光谱仪(ICP-OES)测定灰样中碱金属和碱土金属元素含量。射频功率为1.0 kW,等离子气流量15.0 L/min,辅助气流量为0.5 L/min,雾化气流量为0.75 L/min,蠕动泵流速为1.5 mL/min,积分时间为5 s(取3次平均值),观测方式为径向观测。根据《煤灰中主要及微量元素的测定方法:电感耦合等离子体原子发射光谱法》(MT/T1014—2006)所规定的步骤和要求,先对不同配比的混合燃料采用不同目标终温进行燃烧灰化,将得到的灰样用氢氟酸-高氯酸消解,消解液蒸酸后稀释至仪器的适配浓度范围。然后配制不同浓度的标准液,并绘制标准曲线,最后用电感耦合等离子体原子发射光谱仪(ICP-OES)测样品溶液的Na和Ca的浓度,并计算不同灰样中的Na元素和Ca元素含量。

#### 4.2.3.2　灰熔点的测定

采用鹤壁SJHR-3型微机灰熔点测定仪测定灰样的灰熔融特性,该装置包括高温炉、控温系统、图像采集系统和计算机控制系统等。图像采集系统采用电荷耦合器件(CCD)摄像技术,能够录制灰锥在升温过程中的形状变化,并记录对应的温度。根据《煤灰熔融性的测定方法》(GB/T 219—2008)所规定的步骤和要求,先用灰样和糊精制备角锥,再将制好的角锥放入灰熔点测定仪的高温炉中,分别测定准东煤、油页岩和不同掺配比例的混合燃料的灰熔融性,记录其变形温度(DT)、软化温度(ST)、半球温度(HT)和流动温度(FT),实验气氛为弱还原气氛。

#### 4.2.3.3　矿物组分的测定

采用日本理学MiniFlex 600型X射线衍射仪(XRD)对灰样进行矿物成分分析,用以研究准东煤单独燃烧、准东煤与油页岩/页岩焦共燃烧过程中AAEM的迁移规律。其辐射源采用Cu Kα,管电压为40 kV,管电流为15 mA,扫描范围为5°～85°,扫描速率为8°/min。测试前将灰样研磨至200目,并放入样品槽测定,得到的样品XRD谱图,利用软件分析检测各目标终温下灰样的矿物组成。

#### 4.2.3.4　矿物形貌的测定

实验所得的灰样采用扫描电镜(SEM)和X射线能谱仪(EDS)联用观察其颗粒表面的微观形貌特征和任意点的元素组成及分布情况(点扫)。工作距离约为10 mm,电子加速枪电压为20 kV。一般在二次电子像模式(SE)下对样品颗粒的表面形貌进行观察,根据需要切换到背散射电子像模式(BSE)下,根据此模式下不同元素的衬度不同,结合能谱仪对样品中的矿物相进行检测。由于样品不具备导电性,对煤灰中矿物质的鉴定一般做喷碳处理,以避免金元素的能谱对煤中金属矿物元素的谱线造成较大的干扰。样品做完导电处理后,使用导电碳胶带将其固定在样品墩上，抽真空后，开始对样品进行分析。

4.2.3.5 灰样粒度的测定

实验采用 BT-2003 激光粒度仪测定准东煤单独燃烧、准东煤与油页岩/页岩焦共燃烧所得灰样的粒度分布，该仪器测量范围为 0.04～1 000 μm，测试误差小于 1%，每次测试时间为 1～3 min。粒度的测量方法如下：将约 300 mL 纯净水加入循环泵样品池中，并加入少量$(NaPO_3)_6$作为分散剂，取灰样约 0.5 g(保证悬浮液的光学浓度在 10%～25%左右)加入约 10 mL 无水酒精中摇匀，分散均匀后加入样品池中，打开搅拌器和超声波分散器，对样品搅拌分散 3～5 min 后进行测试，得到不同灰样的粒度分布曲线。每次测量重复三次，以确保结果的良好重复性。

### 4.2.4 固钠/钙率的计算

为了更好地描述混合燃料中钠/钙的挥发特性，引入以下几个参数进行表征。

① 原煤基下灰中钠/钙含量 $m_1$，其计算公式为：

$$m_1 = m'_1 \times A \tag{4-1}$$

式中 $m'_1$——燃烧后煤灰中钠/钙的含量，mg/g；

$A$——煤在温度 $T$ 下燃烧的灰分。

② 原煤基下灰中钠/钙的残留比例 $i$，其计算公式为：

$$i = \frac{m_1}{m_0} \times 100\% = \frac{m'_1 \times A}{m_0} \times 100\% \tag{4-2}$$

式中 $m_0$——燃烧前煤中钠/钙的含量，mg/g。

本书用固钠/钙率 $\eta$ 来描述油页岩/半焦的固钠/钙效果，其计算公式为：

$$\eta_{CJ} = \frac{M_{Na/Ca,MY}(a,T)}{M_{Na/Ca,ZD} + M_{Na/Ca,CJ}} \times 100\% \tag{4-3}$$

$$\eta_{char} = \frac{M_{Na/Ca,MC}(a,T)}{M_{Na/Ca,ZD} + M_{Na/Ca,char}} \times 100\% \tag{4-4}$$

式中 $M_{Na/Ca,MY}(a,T)$，$M_{Na/Ca,MC}(a,T)$——油页岩、半焦掺入比例为 $a$，燃烧终温为 $T$ 时混合灰样中钠/钙元素的含量；

$M_{Na/Ca,ZD}$——准东煤原煤中钠/钙元素的含量；

$M_{Na/Ca,CJ}$、$M_{Na/Ca,char}$——昌吉油页岩、半焦中钠/钙元素的含量。

## 4.3 结果与讨论

### 4.3.1 准东煤中 AAEM 的赋存形态

采用逐级萃取法测定准东煤中钠/钙元素的赋存形态[137-138]，选取超纯水、0.1 mol/L 的醋酸铵溶液和 0.1 mol/L 的稀盐酸溶液作为萃取剂，取 1 g 准东煤加入 30 mL 超纯水，60 ℃ 水浴加热搅拌 4 h，充分萃取后静置，取上清液，过滤后的煤样进行烘干，干燥后依次选取醋酸铵溶液和盐酸溶液作为萃取剂重复上述步骤，将三次萃取后的煤样用 $HF-HNO_3$ 消解，最后将三次萃取得到的上清液和消解液稀释定容后，采用 ICP-OES 测定其钠/钙元素的含量。准东煤中钠/钙元素各赋存形态的含量见表 4-1。

**表 4-1　准东煤中钠/钙元素各赋存形态的含量**

| 元素 | 水溶态/% | 醋酸铵溶态/% | 盐酸溶态/% | 不可溶态/% |
|---|---|---|---|---|
| Na | 74.36 | 14.53 | 7.85 | 3.26 |
| Ca | 6.48 | 7.91 | 59.96 | 25.65 |

准东煤中的钠/钙元素的赋存形态可分为水溶态、醋酸铵溶态、盐酸溶态和不可溶态四种。以超纯水作为提取液可以提取出以氯化钠/氯化钙晶体和水合形式存在的无机钠/钙。以醋酸铵溶液作为提取液可以提取以羧酸盐形式存在的可交换离子态。以配位形式出现在煤结构中的含氮或氧官能团上的有机态只能通过稀盐酸溶液提取得到，同时，还可以萃取出以碳酸盐形式存在的碳酸钙，逐级提取后残渣中的钠/钙被认为是不可溶态，主要包括一些硅铝酸盐和一些包裹在煤基质里的盐类如硅铝酸钠、硫酸钙等。

由表 4-1 可知，准东煤中钠元素的赋存形态主要以水溶态为主，其含量占总钠的 74.36%；醋酸铵溶态、盐酸溶态和不溶态钠含量较少，分别占 14.53%，7.85%和 3.26%。这与准东煤的形成与演化有关。准东煤田为海洋性沉积煤田，其地质变化导致海水蒸发留下的盐分和成煤植物所吸收水分带入的无机盐是水溶钠的主要来源，有机钠来源于成煤植物本身的有机成分，而不溶钠则是进化过程中由环境带来的[139-140]。而准东煤中的钙主要以盐酸溶态和不可溶态的形式存在，二者的含量占总钙的 85.61%，水溶态和醋酸铵溶态较少，分别占 6.48%和 7.91%。准东煤的钙主要来源于成煤植物本身以及海洋贝类生物的带入。在准东煤燃烧过程中，水溶态钠的挥发和低熔点含钙矿物质的熔融是造成准东煤沾污、腐蚀锅炉的主要原因之一[141-142]。

## 4.3.2　温度和油页岩/页岩焦配比对固钠/钙率的影响

图 4-1 所示为掺入不同比例油页岩/页岩焦的固钠率和固钙率曲线。由图 4-1 可知，未掺入油页岩/页岩焦的准东煤原煤灰中，剩余的钠元素含量占总钠的 50%～60%，有 40%～50%的含钠矿物质在燃烧过程中从原煤挥发至气相，与硫化物反应生成黏结性物质，造成了电厂燃煤锅炉设备的沾污，腐蚀等问题[143]。而灰中剩余的钙元素含量占总钙的 86%～93%，这说明钙元素的挥发性较低，只有 7%～14%的钙挥发至气相，但含钙矿物质熔点较低，在高温燃烧过程中变为熔融状态，是造成准东煤在燃用过程中沾污、腐蚀燃煤锅炉设备的另一个重要原因。掺配一定比例的油页岩或页岩焦以后，更多的钠/钙元素被固定至煤灰中，抑制了钠、固钙元素的挥发，油页岩的固钠率可达 70%～85%，固钙率可达 88%～95%，而页岩焦的固钠率可达 72%～88%，固钙率可达 90%～98%。这说明油页岩或页岩焦具有较强的固钠和固钙效果，其中的含 Si、Al 物质捕获准东煤中的含 Na/Ca 化合物，形成了高熔点的硅铝酸盐沉积在灰渣中，通过锅炉排渣系统排出。

由图 4-1 的固钠和固钙效果曲线可以看出，随着油页岩或页岩焦掺配比例的增加，钠/钙的捕获效率均呈先快速上升后缓慢下降的趋势。准东煤的灰分中钠含量为 4.21%，钙含量为 27.28%，当油页岩或页岩焦比例为 5%～10%时，其反应活性较强，反应速率迅速上升。当油页岩或页岩焦比例进一步增加，大部分钠和钙已参与反应，被大量的含硅、铝物质

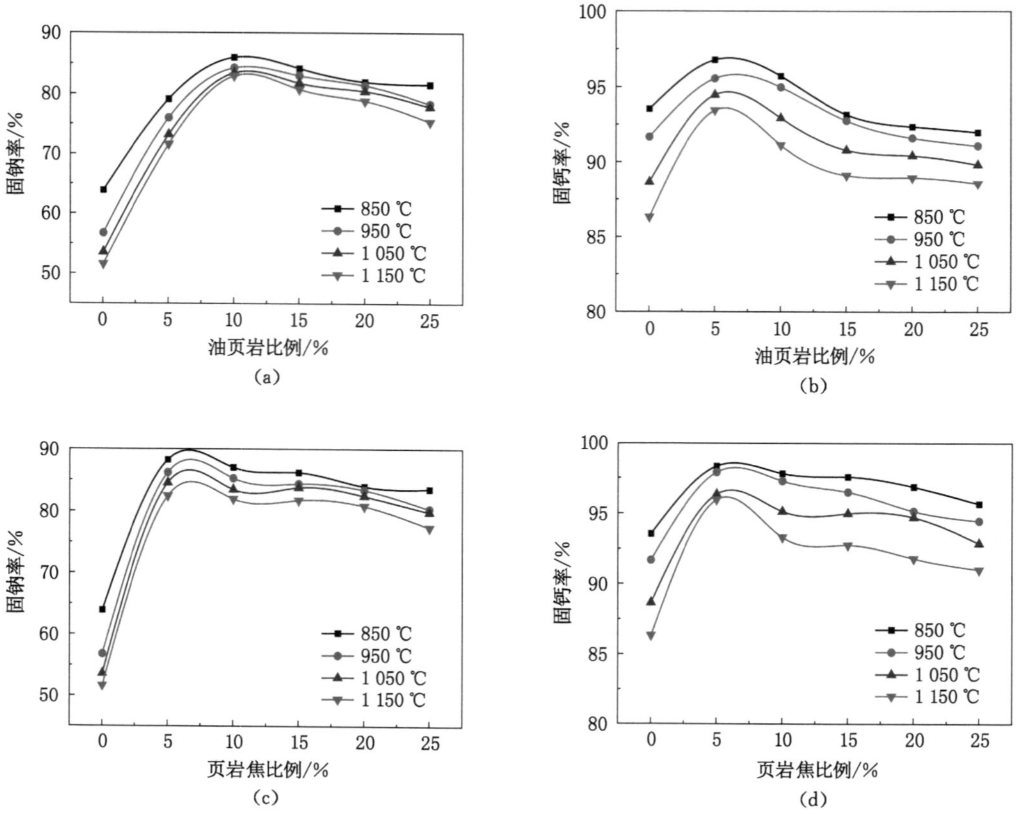


图 4-1　掺入不同比例油页岩/页岩焦的固钠率和固钙率曲线

吸附并固定至灰中，剩余的钠和钙浓度降低，反应性减弱，因此，其固钠率和固钙率平稳下降。当燃烧温度为 850 ℃，油页岩掺配比例为 10%，或页岩焦掺配比例为 5%时，其固钠率达到最高，分别为 86.01%和 88.25%。当燃烧温度为 850 ℃，油页岩或页岩焦的掺配比例为 5%时，其固钙率最高，分别为 95.78%和 98.79%。由以上数据可以看出，页岩焦的固钠/钙效果略优于油页岩，这是因为在油页岩热解过程中，有机质受热分解并形成了大量的孔道，造成比表面积增大，这有助于钠和钙蒸气向页岩焦内部扩散和吸附，从而促进了固钠/钙反应的进行。

随着温度从 850 ℃升高至 1 150 ℃，所有掺配比例下的混合燃料的灰分中钠/钙元素的捕获效率均有小幅度减小，这说明油页岩及页岩焦在低温下的固钠/钙效果优于高温。随着燃烧温度的升高，钠/钙元素的释放速率和油页岩及页岩焦捕获钠/钙元素的反应速率同时升高，由于钠、钙元素释放速率的增加略高于硅、铝元素的捕获速率，因此，固钠/钙率略有下降。随着温度的升高，混合燃料的烧结性逐渐增强，准东煤和油页岩颗粒的表面积减小，阻碍了固钠/钙反应的进行。同时，在高温下，油页岩及其半焦中的一部分 $SiO_2$ 和 $Al_2O_3$ 反应生成莫来石，在一定程度上阻碍了其与钠/钙元素的反应，进一步导致钠/钙元素捕获效率的下降[144]。

### 4.3.3　温度和油页岩/页岩焦配比对灰熔点的影响

准东煤、油页岩/页岩焦和混合燃料的四个特征熔融温度不是简单的线性关系，煤灰的熔融温度与很多因素有关，其中主要与灰中的矿物组分种类、在高温灰化过程中矿物组分之间发生的反应以及矿物组分之间的低温共熔有关。碱性氧化物 $SiO_2$、$Al_2O_3$、$TiO_2$ 等为耐熔性矿物质，其含量越多，煤灰熔融温度越高；酸性氧化物 $Fe_2O_3$、CaO、MgO、$Na_2O$、$K_2O$ 等为助熔性矿物质，其含量越多，煤灰熔融温度越低[145]。准东煤中 AAEM 含量较高，在高温灰化过程中生成低熔点高黏结性物质及低温共熔体，造成了准东煤的灰熔点偏低，这是准东沾污和腐蚀问题的重要原因之一。图 4-2 所示为不同掺配比例的混合燃料灰样的灰熔点。

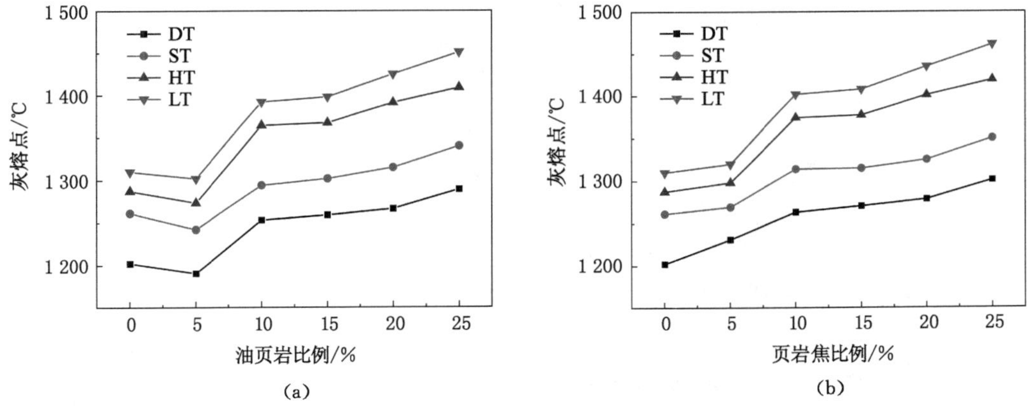


图 4-2　不同掺配比例的混合燃料灰样的灰熔点

由图 4-2(a)可以看出，随着油页岩比例的增加，混合燃料灰样的四个特征熔融温度总体上呈先降低后升高趋势。当油页岩配比为 5%时，其灰样的灰熔点比未掺配时的降低，而当油页岩掺入比例为 10%时，其灰样的灰熔点迅速上升，当油页岩掺入比例为 25%时，其灰样的灰熔点继续平稳上升。而当掺配一定比例(5%～25%)的页岩焦后，其灰样的四个特征熔融温度均持续升高。准东煤掺配一定比例的油页岩或页岩焦以后，混合燃料中的 $SiO_2$、$Al_2O_3$ 等耐熔性物质含量升高，而 $Na_2O$ 和 CaO 等助熔性物质含量降低，在高温灰化过程中，生成更多的石英、莫来石、霞石、钙长石等高熔点物质。晶体的熔点受晶体的结合能影响，原子晶体和离子晶体具有较高的结合能。而对于离子晶体而言，晶体的结合能越大，物质的熔点越高[146]。石英、莫来石、霞石、钙长石等矿物质具有较高的晶体结合能，分子结构比较稳定，其熔点较高。准东煤中加入一定比例的油页岩或页岩焦后，混合燃料在燃烧过程中具有高晶体结合能的矿物质含量增加，导致灰的灰熔点显著升高。同时，混合燃料灰中的 $Al_2O_3$ 在熔融过程中起到明显的“骨架”作用，其含量越高，四个特征熔融温度越高[147]。当油页岩配比由 0 增至 25%时，其软化温度 ST 升高了 79 ℃，流动温度 FT 升高了 141 ℃；当页岩焦配比由 0 增至 25%时，其软化温度 ST 升高了 91 ℃，流动温度 FT 升高了 150 ℃。这说明油页岩及页岩焦对改善准东煤灰熔融特性具有良好的效果，且页岩焦优于油页岩，这是因为在热解过程中，油页岩的有机组分逐渐分解释放，剩余的半焦中 Si、Al 元素比例升高，且更容易与准东煤中的 Na 元素和 Ca 元素接触。当准东煤掺配 5%油页岩时，混合燃料的灰分中各组分比例正好位于低温共融区域，最终导致其灰样的四个特征熔融温度均降低，这与李帆等用三元相图对低温共熔现象的解释相一致[148-149]。

Wei 等[150]认为，软化温度 ST 与变形温度 DT 差值越大，煤灰在较低的温度越容易形成黏性较强的灰渣，准东煤的沾污问题越严重。图 4-3 所示为不同油页岩/页岩焦配比下混合燃料灰熔点 ST 与 DT 的差。由图 4-3 可知，随着油页岩或页岩焦比例的增加，ST 与 DT 的差值均呈先迅速下降后迅速上升的趋势。当油页岩比例为 10%，或页岩焦比例为 5%时，混合燃料灰的软化温度 ST 与变形温度 DT 差值达到最小值，混合燃料的沾污、结渣倾向最低。

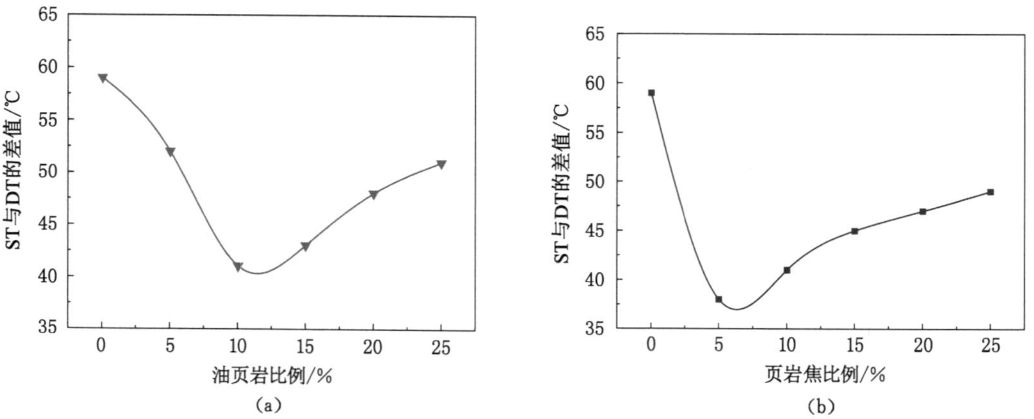


图 4-3　不同油页岩/页岩焦配比下混合燃料灰熔点 ST 与 DT 的差

图 4-4 所示为燃烧温度为 1 150 ℃时，准东煤掺配不同比例油页岩/页岩焦固钠/钙率与灰熔融特性(ST)对比图。由图 4-4(a)可知，当油页岩掺配比例为 5%～10%时(图中标记为 1)，油页岩的固钠率为 71.60%～82.92%，固钙率为 91.23%～93.16%，混合燃料的 ST 低于 1 300 ℃，此时有利于液态排渣；而当油页岩掺配比例为 15%～25%时(图中标记为 2)，油页岩的固钠率为 75.36%～80.73%，固钙率为 88.56%～89.07%，混合燃料的 ST 在 1 300 ℃以上，此时有利于固态排渣。而对于图 4-4(b)而言，当页岩焦掺配比例为 5%时(图中标记为 1)，页岩焦的固钠率在 82%左右，固钙率在 95%左右，混合燃料的 ST 低于 1 300 ℃，此时有利于液态排渣；而当页岩焦掺配比例为 10%～25%时(图中标记为 2)，页岩焦的固钠率为 77.36%～82.41%，固钙率为 90.98%～95.73%，混合燃料的 ST 在 1 300 ℃ 以上，此时有利于固态排渣。为满足不同电厂锅炉的排渣方式和对固钠/钙率的要求，可根据电厂锅炉的实际燃烧温度选择合适的油页岩或页岩焦的掺配比例。

### 4.3.4　准东煤和油页岩/页岩焦共燃烧过程 AAEM 的迁移规律

准东煤在 575 ℃、油页岩在 815 ℃、准东煤与不同比例的油页岩或页岩焦组成的混合燃料在 850 ℃、950 ℃、1 050 ℃、1 150 ℃温度下燃烧所得灰分的 XRD 谱图分别见图 4-5、图 4-6、图 4-7 和图 4-8。样品在 10°～20°和 60°～90°吸收峰很弱，所以只列出扫描 20°～60°的谱图。

图 4-5(a)和图 4-5(b)为准东煤和昌吉油页岩分别在 575 ℃和 815 ℃下燃烧得到灰样的 XRD 谱图。准东煤在较低的温度下灰化，保留了其中的原生矿物质。由图 4-5(a)可知，准

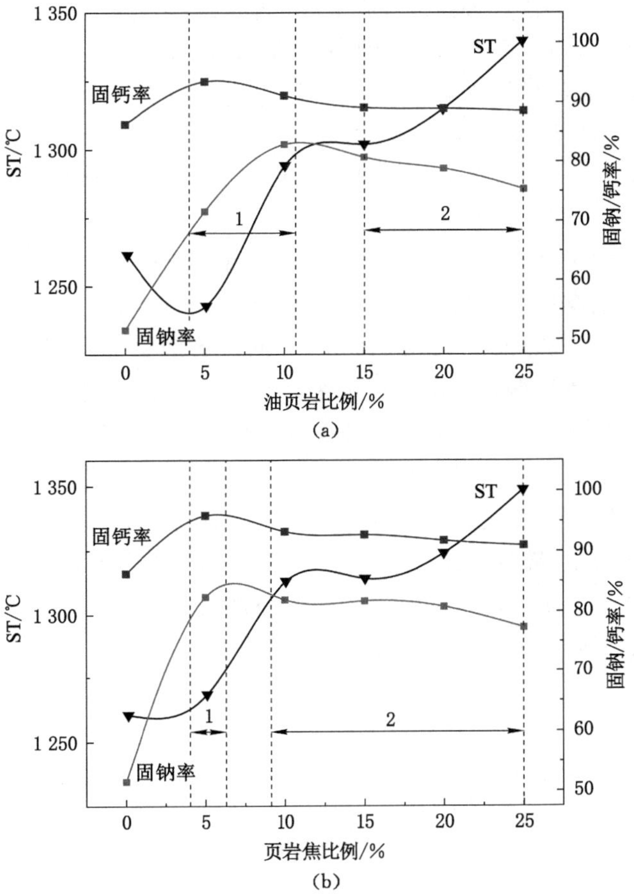


图 4-4　固钠/钙率(1 150 ℃)与灰熔融特性(ST)对比图

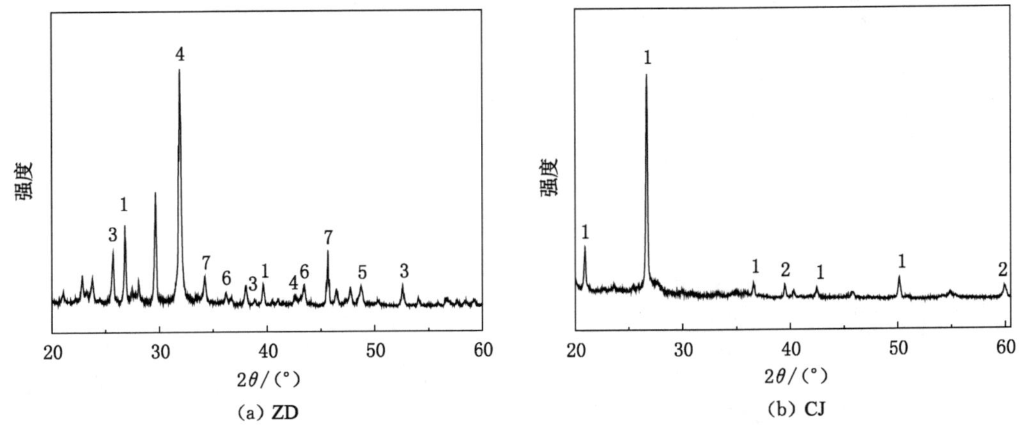


图 4-5　准东煤和昌吉油页岩灰分的 XRD 谱图

东煤中的原生矿物质以方解石($CaCO_3$)、硬石膏($CaSO_4$)、石英($SiO_2$)为主，还有少量的无水芒硝($Na_2SO_4$)、方镁石(MgO)和硅钙石($CaSiO_3$)。因此，准东煤灰中助熔性矿物质占主导地位，这使得准东煤的灰熔点偏低，造成了准东煤在燃用过程中的具有较高的沾污、结渣和腐蚀倾向。由图 4-5(b)可知，昌吉油页岩灰分中的矿物组分以石英($SiO_2$)和矾土($Al_2O_3$)为主，这两种矿物质均为耐熔性矿物质，这使得昌吉油页岩的灰具有较高的熔点且不具有沾污、结渣和腐蚀倾向。油页岩作为添加剂，可以提高燃料的灰熔点，缓解由燃料灰熔点低带来的熔融沾污问题。准东煤和昌吉油页岩的 XRD 结果均和表 2-2 的灰成分分析结果相一致。

图 4-6 为单独准东煤在不同终温下燃烧所得灰样的 XRD 谱图。由图 4-6 可知，当燃烧终温为 850 ℃时，准东煤灰中矿物质主要以石英、硬石膏和硅钙石为主，方解石全部消失，分解为氧化钙和二氧化碳($CaCO_3 \rightarrow CaO + CO_2$)。部分硫酸钠挥发至气相，由于其熔点较低(约为 884 ℃)，硫酸钠以熔融状态附着在炉壁和换热面上，并捕捉锅炉内的飞灰颗粒，造成高温黏结性积灰和炉壁的腐蚀。同时，部分硅钙石分解为氧化钙和二氧化硅($CaSiO_3 \rightarrow CaO + SiO_2$)。当燃烧终温为 950 ℃时，硫酸钠的吸收峰消失，全部挥发至气相，硅钙石也全部分解，灰分中的矿物质以石英和硬石膏为主。当燃烧终温达到 1 050 ℃，灰分中的矿物质以石英、硬石膏和钙长石为主，部分氧化钙与准东煤中少量的硅、铝生成熔点为 1 553 ℃的钙长石($CaO + Al_2O_3 + 2SiO_2 \rightarrow CaAl_2Si_2O_8$)。当燃烧温度进一步升高至 1 150 ℃时，部分钙长石进一步结合氧化钙转化为熔点为 1 593 ℃的钙黄长石并释放出二氧化硅($CaAl_2Si_2O_8 +$

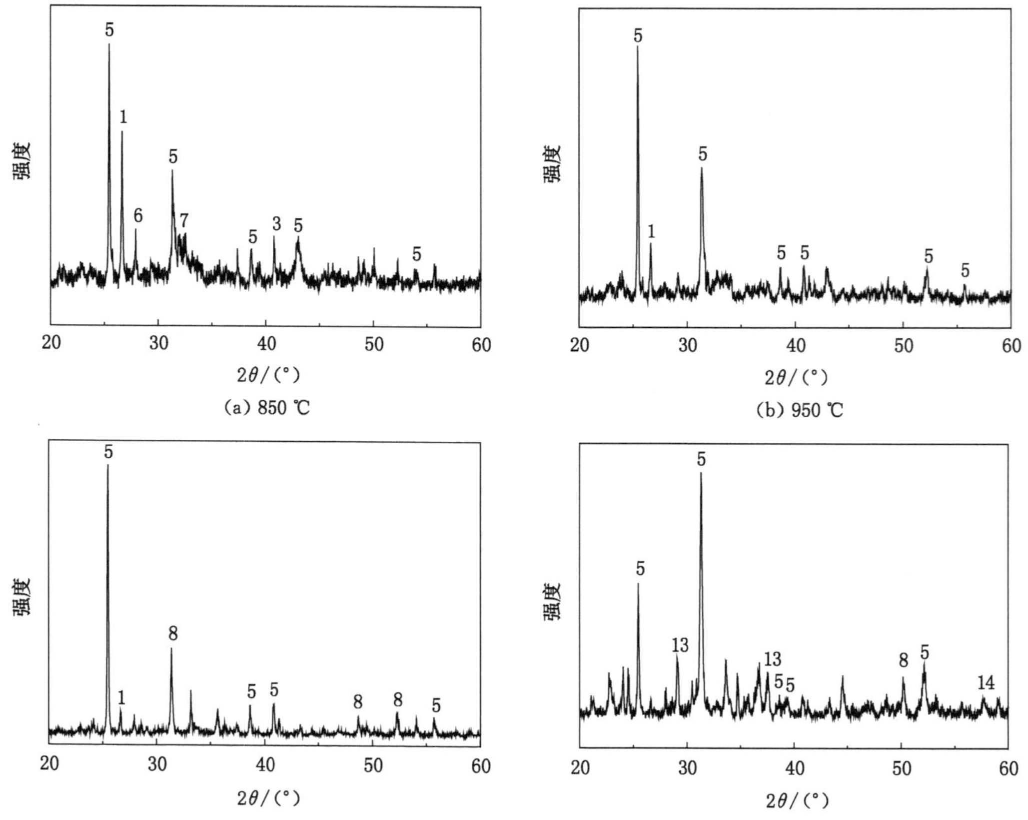


(a) 850 ℃　(b) 950 ℃　(c) 1 050 ℃　(d) 1 150 ℃

图 4-6　单独准东煤在不同终温下燃烧灰样的 XRD 谱图

$CaO \rightarrow Ca_2Al_2SiO_7 + SiO_2$)。当 CaO 含量低于 30%时，CaO 与 $SiO_2$ 和 $Al_2O_3$ 达到一定比例，并处于 CaO—$SiO_2$—$Al_2O_3$ 三元相图的低温共熔区，极易生成钙长石、钙黄长石等低温共熔体[151-152]，这是造成准东煤灰熔点偏低的另一个重要原因。同时，还有少量的方镁石与 CaO、$SiO_2$ 反应生成熔点为 1 450 ℃的镁黄长石($MgO + 2CaO + 2SiO_2 \rightarrow Ca_2MgSi_2O_7$)。准东煤高温燃烧过程中部分 AAEM 挥发至气相，同时灰中剩余的 AAEM 造成准东煤灰熔点偏低，且极易生成低温共熔体，二者共同导致了准东煤燃用过程中的沾污、结渣和腐蚀等问题。

图 4-7 为准东煤和 10%油页岩组成的混合燃料在以 850 ℃、950 ℃、1 050 ℃和 1 150 ℃为终温燃烧得到的灰样的 XRD 谱图。由图 4-7 可知，混合燃料在各燃烧终温下的灰分的主要成分中均有一定量熔点为 1 710 ℃的石英。在燃烧温度为 850 ℃时，$Na_2SO_4$ 吸收峰全部消失，挥发至气相。同时，硅钙石分解为 CaO 和 $SiO_2$。准东煤中 CaO 和油页岩中的 $SiO_2$ 和 $Al_2O_3$ 反应生成熔点为 1 553 ℃钙长石($CaAl_2Si_2O_8$)。准东煤中含钠组分与油页岩中的 $SiO_2$ 和 $Al_2O_3$ 反应生成熔点为 1 180 ℃钠长石($Na_2CO_3 + 6SiO_2 + Al_2O_3 \rightarrow 2NaAlSi_3O_8 + CO_2$)，钠长石极易与 CaO 及其他硅铝酸盐形成低温共熔体，降低混合燃料的灰熔点。而 $SiO_2$ 和 $Al_2O_3$ 则反应生成蓝晶石($3Al_2O_3 \cdot SiO_2$)。当燃烧温度达到 950 ℃时，方解石消失，说明方解石分解为 CaO 和 $CO_2$。钙长石进一步与 CaO 反应生成熔点为 1 593 ℃的钙黄长石($Ca_2Al_2SiO_7$)，MgO 又与 CaO、$SiO_2$ 反应生成熔点为 1 450 ℃的镁黄长石($Ca_2MgSi_2O_7$)。当

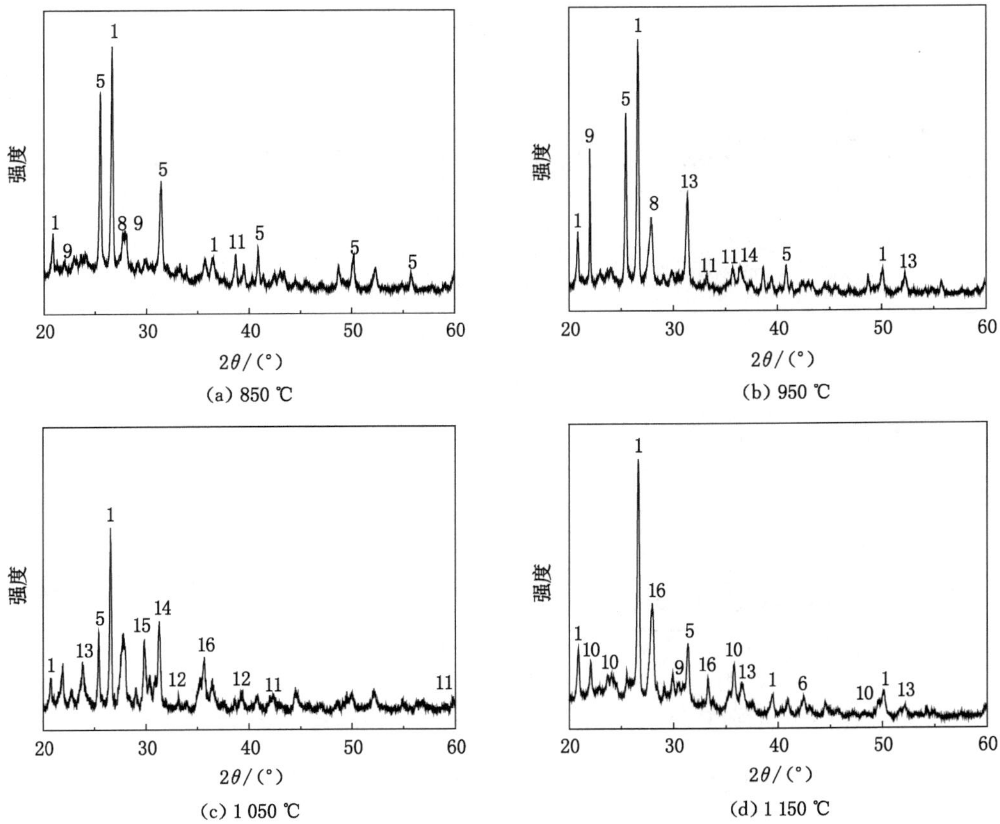


图 4-7　准东煤与 10%油页岩在不同终温下灰的 XRD 谱图

燃烧温度达到 1 050 ℃时，钠长石进一步分解为熔点为 1 550 ℃霞石和 $SiO_2$（$NaAlSi_3O_8 \rightarrow NaAlSiO_4 + 2SiO_2$），霞石也可直接由 $Na_2CO_3$ 与 $SiO_2$ 和 $Al_2O_3$ 反应生成（$Na_2CO_3 + 2SiO_2 + Al_2O_3 \rightarrow 2NaAlSiO_4 + CO_2$）。而蓝晶石分解为熔点高达 1 850 ℃的莫来石[$3(Al_2O_3 \cdot 2SiO_2) \rightarrow 3Al_2O_3 \cdot 2SiO_2 + 4SiO_2$]，镁黄长石则分解为透辉石[$Ca_2MgSi_2O_7 \rightarrow CaMg(SiO_3)_2 + CaO$]。当燃烧温度达到 1 150 ℃时，MgO 和 $SiO_2$ 反应生成熔点在 1 500～1 700 ℃的海泡石[$8MgO + 12SiO_2 + 10H_2O \rightarrow Mg_8Si_{12}O_{30}(OH)_4 \cdot 8H_2O$]。

图 4-8 所示为准东煤和 10％页岩焦组成的混合燃料在以 850 ℃，950 ℃，1 050 ℃和 1 150 ℃为终温燃烧得到的灰样的 XRD 谱图。由图 4-8 可知，准东煤和页岩焦组成的混合燃料在不同燃烧终温下灰分中的矿物质种类与准东煤和油页岩组成的混合燃料燃烧后灰分中的基本一致，因此，将油页岩和页岩焦作为准东煤添加剂的混合燃料燃烧过程中 AAEM 的迁移行为也基本类似，均为利用油页岩及页岩焦的灰分中的 Si、Al 作为固碱剂，来抑制 AAEM 的挥发，Na 和 Ca 元素均迁移至硅铝酸盐态，降低了准东煤灰的腐蚀性，提高了其灰熔点。

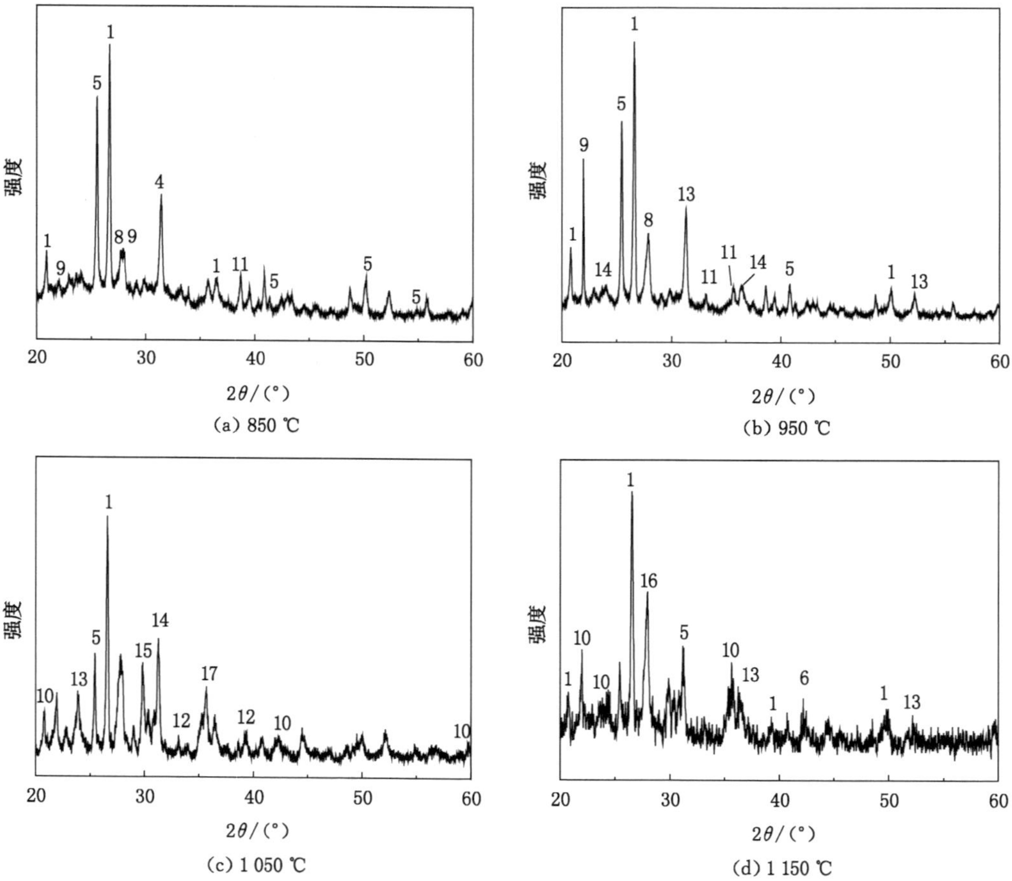


图 4-8　准东煤与 10％页岩焦在不同温度下灰的 XRD 谱图

研究人员通过 Fukui 函数比较得出，亲核试剂优先攻击 Si(6)、Si(8)，从而促使 Si—O 键断裂重组，亲电试剂攻击 O(26)与 O(22)，使 Al—O 键断裂[153]。高峰等[154]指出煤灰熔体中的硅酸盐矿物质与熔体中的 R—O 键(R 指碱金属或碱土金属离子)反应时,能把 R—O 上的氧离子吸引到自己周围,使桥氧 Si—O—Si 发生断裂。所以,在不同温度下,煤中的碱金属 Na 和碱土金属 Ca 的氧化物以 $O^{2-}$ 作为亲核试剂与油页岩中的 Si(6)、Si(8)发生的亲核反应,经过一系列复杂的化学变化,生成钙长石、钠长石、霞石等矿物质。

图 4-9 所示为准东煤及混合燃料燃烧过程中 AAEM 的迁移路径。由图 4-9 可知,单独准东煤燃烧时,水溶性 Na 和 Ca 挥发至气相,并附着在炉壁和换热面上造成碱腐蚀。醋酸铵溶态的 Na 和 Ca 由于其熔点较低,形成了熔融性积灰和低温共熔体,并捕获飞灰颗粒,造成高温黏结性积灰。掺配一定比例的油页岩或页岩焦以后,混合燃料在锅炉高温燃烧条件下,形成了霞石、钙长石和镁黄长石等不同形式的硅铝酸盐。准东煤中的钠元素的赋存形态逐渐由水溶态迁移至硅铝酸盐态,钙元素的赋存形态逐渐由盐酸溶态迁移至硅铝酸盐态,降低了 AAEM 的腐蚀性。油页岩及页岩焦中的 Si、Al 元素使准东煤中

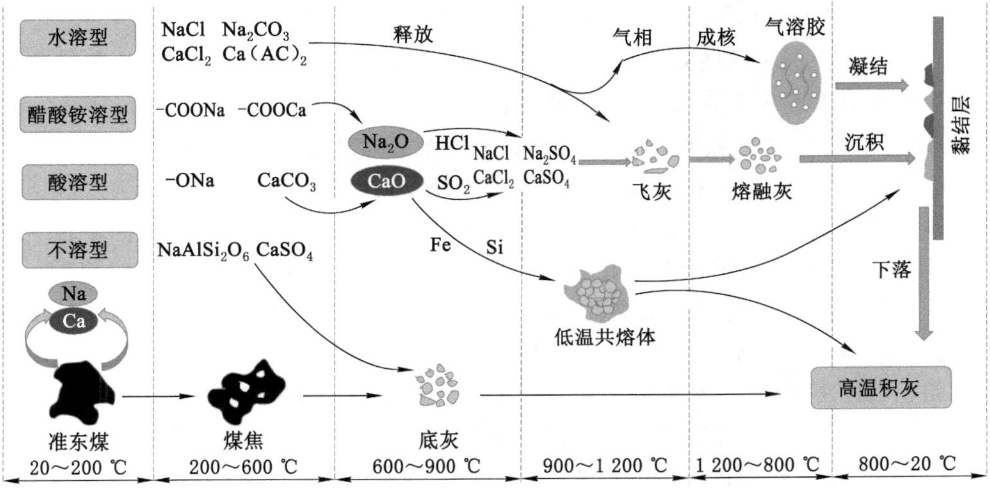


(a)

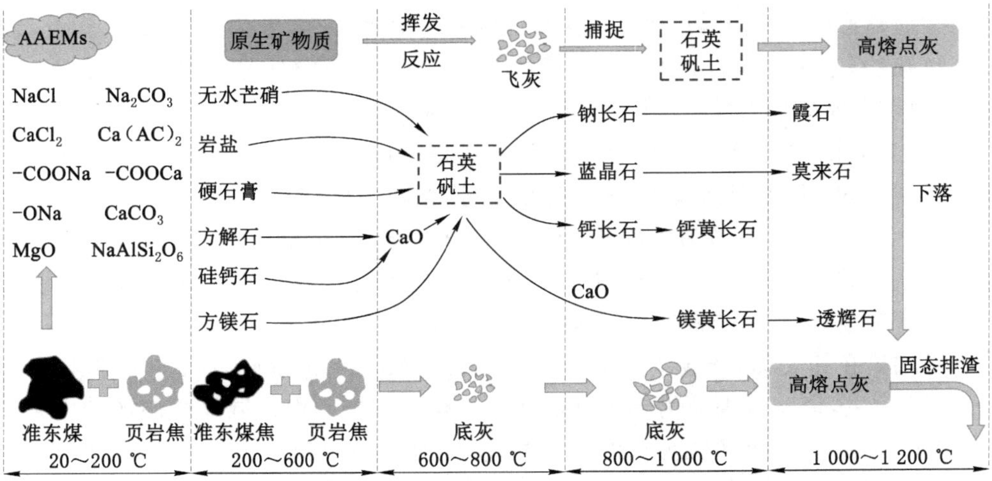


(b)

图 4-9　准东煤及混合燃料燃烧过程中 AAEM 的迁移路径

的 Na、Ca 元素以固态形式沉积在煤灰中，随炉渣排出，有效地解决了准东煤由于 Na、Ca 挥发带来的沾污和结渣等问题。同时，由于油页岩中存在大量的 Si、Al 元素，在高温燃烧过程中生成了极高熔点的蓝晶石和莫来石，有效地解决了由 Na、Ca 元素带来的准东煤灰熔点偏低的问题。

### 4.3.5 准东煤与油页岩/页岩焦共燃烧过程灰形貌变化

图 4-10 列出了准东煤在燃烧终温分别为 575 ℃、850 ℃、950 ℃、1 050 ℃和 1 150 ℃下燃烧所得灰样的 SEM 图像及 EDS 扫描的元素结果。由图 4-10(a)可知，当燃烧终温为 575 ℃ 时，区域 1 中的不规则颗粒主要由 Si 和 O 等元素组成，判断该颗粒主要由石英组成。区域 2 中的球形颗粒呈熔融状态，其元素组成主要为 Na、S 和 O 等元素，判断该颗粒主要由无水芒硝组成，由于其熔点较低，该颗粒保持熔融态的球状。同时，区域 3 中的椭球形颗粒主要由 Na 和 Cl 等元素组成，判断该颗粒主要为 NaCl，由于其熔点较低，因此也处于熔融状态。区域 4 中的不规则颗粒主要由 Ca、S 和 O 等元素组成，判断该颗粒主要由硬石膏组成。在准东煤的原生矿物质中，其灰分中包含大量的 AAEM，为粒度小于 10 μm 的助熔性矿物质，其颗粒均为分散的、细小的、表面较为光滑的颗粒，在高温下呈熔融状态的球形状，表现出较高的结渣和积灰倾向。如图 4-10(b)所示，当燃烧终温为 850 ℃时，区域 1 中的球形的微小颗粒主要由 Ca、Mg、Na 和 O 组成，判断该颗粒主要为 AAEM 的氧化物，它们来源于 AAEM 盐类矿物质的分解，同时，其颗粒较小且熔点低，呈现为熔融态的球形。区域 2 和区域 3 中较大的不规则颗粒主要由 Ca、Si 和 O 等元素组成，判断该颗粒为晶粒较大的钙的硅酸盐。区域 4 中的不规则颗粒主要由 Ca、Mg 和 O 组成，判断该颗粒主要为 Ca 和 Mg 的氧化物。在此温度下，准东煤的灰颗粒还未发生烧结。当燃烧温度进一步升高至 950 ℃时，如图 4-10(c)所示，大部分颗粒发生团聚和烧结，区域 1～4 中的物质均主要以 Ca 和 O 元素为主，还有少量的 Mg、Na 和 Si、Al 等元素，说明在该温度下 AAEM 与 Si 和 Al 元素形成了低温共熔体。当温度进一步升高至 1 050 ℃和 1 150 ℃时，如图 4-10(d)和图 4-10(e)所示，区域 1、2 和 4 的颗粒均以 AAEM 及 O、S、Si 和 Al 为主，其硫酸盐本身熔点较低，而其硅铝酸盐则形成了低温共熔体。而区域 3 的颗粒主要以 Fe 和 O 元素为主，因此，该颗粒为铁的氧化物，也为助熔性矿物质，易与 Na、Ca 和 Si 等形成低温共熔体，由 SEM 图像可知，准东煤灰颗粒的烧结进一步加剧，颗粒之间形成较大的团簇型灰渣。

图 4-11 列出了准东煤与 10%油页岩混合燃料在 850 ℃、950 ℃、1 050 ℃和 1 150 ℃下燃烧所得灰样的 SEM 图像及 EDS 扫描的元素结果。如图 4-11(a)所示，当燃烧终温为 850 ℃ 时，区域 1 中的颗粒为椭球形，其元素组成主要为 Si 和 O 元素，说明该颗粒主要以石英为主。区域 2 中不规则的粗糙颗粒的元素组成主要以 Na、Si、Al 和 O 为主，说明该颗粒为钠的硅铝酸盐，进一步根据其元素的质量分数和 XRD 结果确定为钠长石，一些分散的细小颗粒团聚在其表面，造成了灰颗粒的烧结。区域 3 中不规则颗粒的元素组成主要以 Ca、S 和 O 为主，说明该颗粒为钙的硫酸盐并呈熔融状态。而区域 4 中的颗粒主要以 Ca、Si、Al 和 O 为主，说明该颗粒为钙的硅铝酸盐，同时有两个颗粒与其黏结，发生低温共熔。如图 4-11(b)所示，当燃烧终温为 950 ℃时，细小的颗粒和较大的粗糙颗粒同时存在。区域 1 中的颗粒为较大的不规则颗粒，其元素组成主要为 Ca、Mg、Si 和 O 等元素，判断该颗粒为镁黄长石。同时，在区域 2 观察到较大的不规则的球形颗粒，其元素组成主要为 Ca、Si、Al

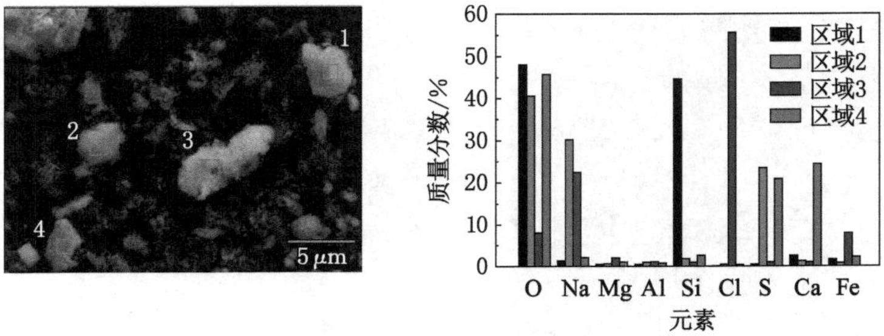


(a) 575 ℃

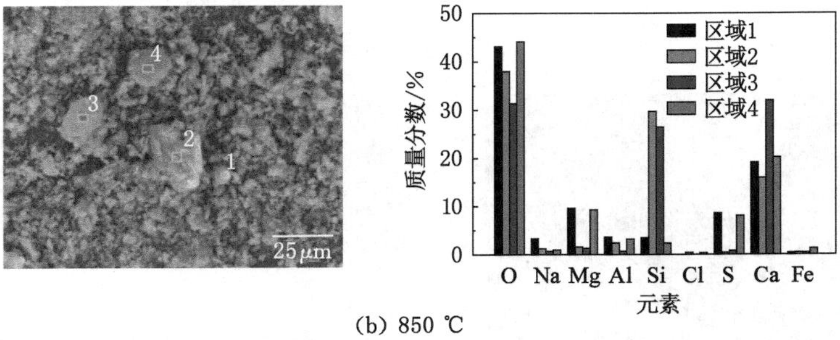


(b) 850 ℃

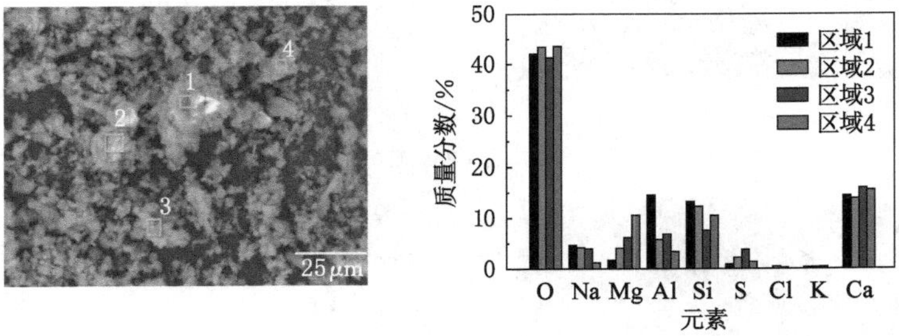


(c) 950 ℃

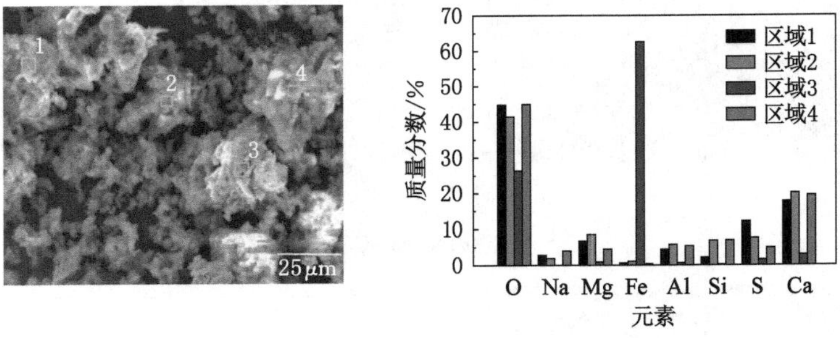


(d) 1 050 ℃

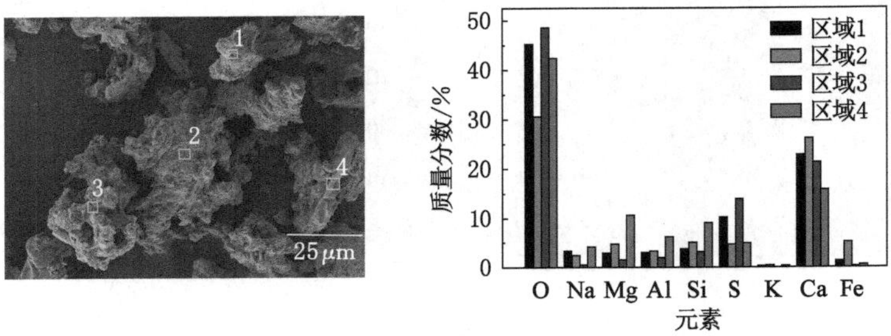


(e) 1 150 ℃

图 4-10　准东煤在不同燃烧温度所得灰分的 SEM-EDS 图

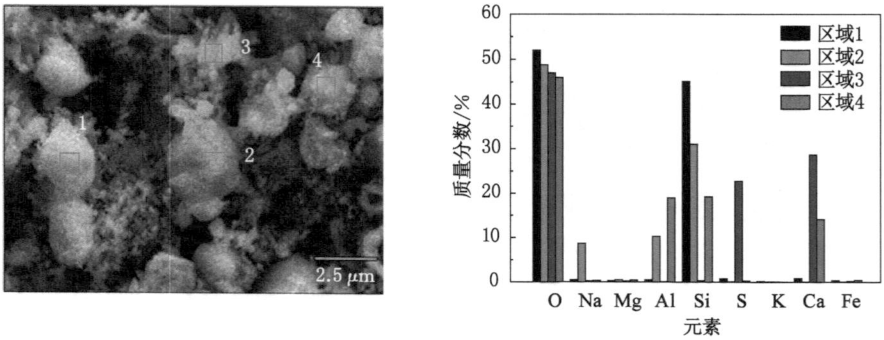


(a) 850 ℃

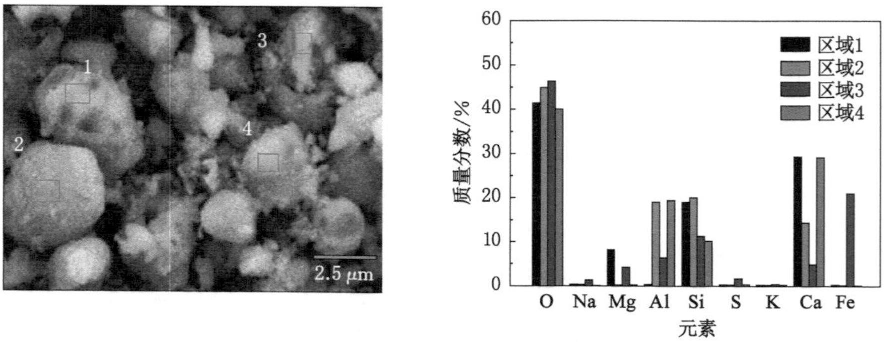


(b) 950 ℃

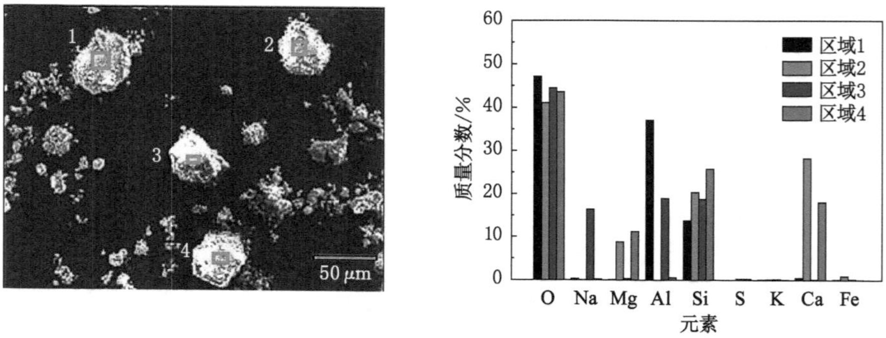


(c) 1 050 ℃

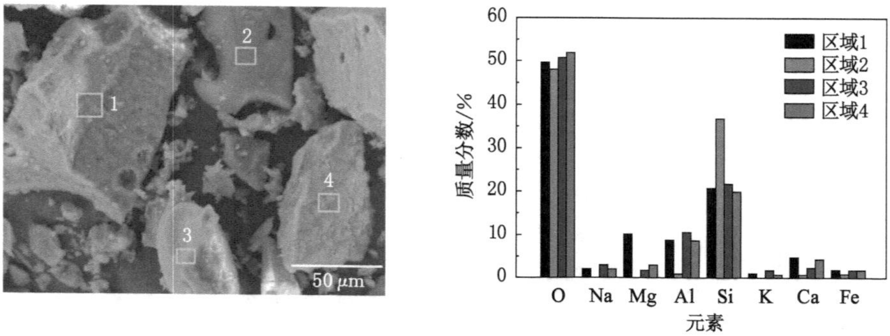


(d) 1 150 ℃

图 4-11　准东煤与 10%油页岩混合燃料不同燃烧温度所得灰分的 SEM-EDS 图

和 O 等元素，表明该颗粒为钙的硅铝酸盐，进一步根据元素的质量分数和 XRD 结果确定为钙长石。此外，在区域 3 中形成了熔融团聚，其元素组成主要为 Fe、Ca、Mg、Si 和 O 等元素，这些金属氧化物的比例处于低温共熔区而形成了低温共熔体。区域 4 中的不规则球形颗粒的元素种类与区域 2 相同，但各元素的质量分数不同，根据元素的质量分数和 XRD 结果进一步确定为钙黄长石。此外，一些分散的细小颗粒黏附在钙黄长石上，导致了分散的细小颗粒数量减少。如图 4-11(c)所示，当燃烧终温为 1 050 ℃时，区域 1 为不规则的粗糙颗粒，其元素组成主要为 Si、Al 和 O 等，这可能是较大粒径的蓝晶石，并伴有一些细小颗粒附着在上面。同时，区域 2 为椭球形的灰颗粒，主要由 Ca、Si、Al 和 O 等元素组成，判断该颗粒为钙的硅铝酸盐，其粒径较大且熔点较高。区域 3 为带棱角的不规则颗粒，主要由 Na、Si、Al 和 O 等元素组成，判断该颗粒为钠的硅铝酸盐，进一步根据 XRD 结果判断该颗粒主要为霞石。此外，区域 4 为另一个粒径较大的带棱角的颗粒，其元素组成主要为 Mg、Ca、Si 和 O 等，进一步根据 XRD 结果确定该颗粒主要为熔点较高的透辉石。如图 4-11(d)所示，当燃烧终温为 1 150 ℃时，区域 1 为粒径巨大的表面凹凸不平且带有棱角的颗粒，其元素组成主要为 Mg、Si 和 O 等，进一步根据 XRD 结果确定该颗粒为熔点较高的海泡石。区域 2 为粒径较大的表面光滑的不规则的片状颗粒，其主要由 Si 和 O 元素组成，判断该颗粒主要为石英。区域 3 和区域 4 均为粒径较大的不规则颗粒，其主要元素组成为 Si、Al 和 O 等，根据 XRD 结果判断该颗粒主要为熔点高达 1 850 ℃的莫来石。根据准东煤与 10%油页岩混合燃料在不同温度下所得灰分的 SEM-EDS 图像可知，随着燃烧温度的升高，大量颗粒较大、熔点较高的矿物质生成，包括硅铝酸盐、莫来石等。一般来说，硅铝酸盐或含硅、铝的化合物的晶粒较大且具有较高的熔点，在高温下能保持自身的形态而不发生熔融和烧结。因此，准东煤配入油页岩以后，其灰分中配入了较多的 $SiO_2$ 和 $Al_2O_3$，在高温燃烧过程中，大颗粒且高熔点的灰分显著增加，抑制了准东煤燃用过程灰分的熔融和烧结。具体粒度分析见 4.3.6。

图 4-12 列出了准东煤与 10%页岩焦混合燃料在 850 ℃、950 ℃、1 050 ℃和 1 150 ℃下燃烧所得灰样的 SEM 图像及 EDS 扫描的元素结果。如图 4-12(a)所示，当燃烧终温为 850 ℃ 时，区域 1 中的颗粒为有棱角的不规则颗粒，其元素组成主要为 Na、Si、Al 和 O 等，说明该颗粒主要为钠的硅铝酸盐，进一步根据其元素的质量分数和 XRD 结果确定为钠长石。区域 2 中的颗粒也带有棱角且形状不规则，其中主要含有 Ca 和 O 等元素，说明该颗粒主要为 CaO，其来源于准东煤中方解石的分解。区域 3 中不规则颗粒的元素组成主要为 Si、Al 和 O 等，判断该颗粒主要为 $SiO_2$ 和 $Al_2O_3$ 的混合物，因为该温度下蓝晶石和莫来石还未生成。区域 4 中的颗粒主要以 Ca、Si、Al 和 O 为主，被确定为钙的硅铝酸盐，同时有另一个颗粒与其黏结，发生烧结。如图 4-12(b)所示，当燃烧终温为 950 ℃时，细小的颗粒和较大的粗糙颗粒同时存在。区域 1 中的颗粒为巨大的不规则球形颗粒，其元素组成主要为 Si、Al 和 O 等，说明该颗粒主要为 $SiO_2$ 和 $Al_2O_3$ 的混合物。同时，在区域 2 观察到较大的不规则的颗粒，其主要由 Ca、Mg、Si、和 O 组成，表明该颗粒为钙镁的硅酸盐，进一步根据元素的质量分数和 XRD 结果确定为镁黄长石。此外，在区域 3 和区域 4 中的较大不规则颗粒，一些分散的细小颗粒黏附在上面，发生了烧结，该颗粒主要包含 Ca、Si、Al 和 O 等元素，因此，两个颗粒均为钙的硅铝酸盐，根据 XRD 结果判断，在该温度下钙长石和钙黄长石共存。如图 4-12(c)所示，当燃烧终温为 1 050 ℃时，区域 1 为粒径较大的不规则的表面粗糙的颗粒，

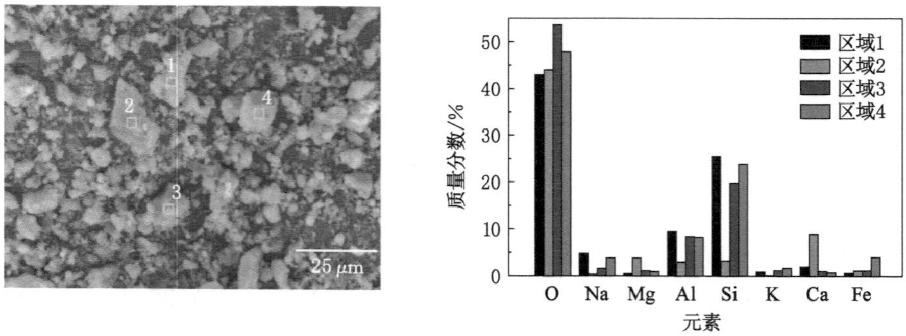


(a) 850 ℃

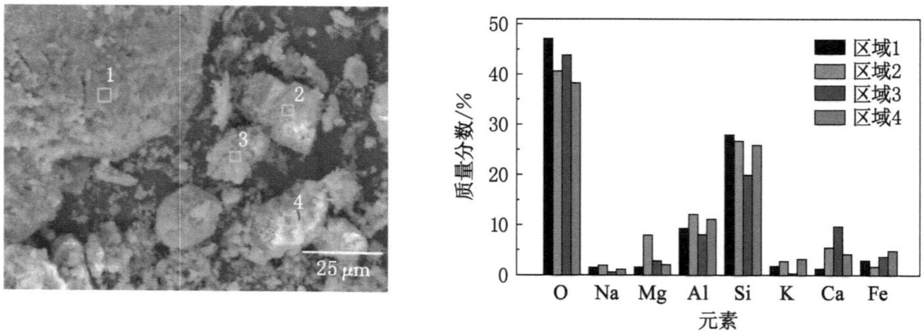


(b) 950 ℃

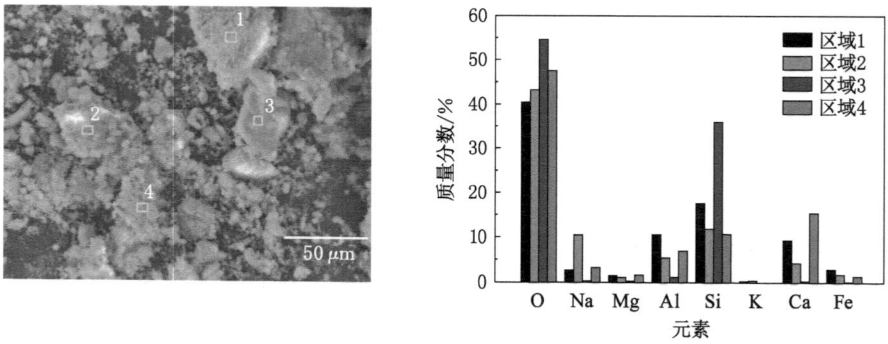


(c) 1 050 ℃

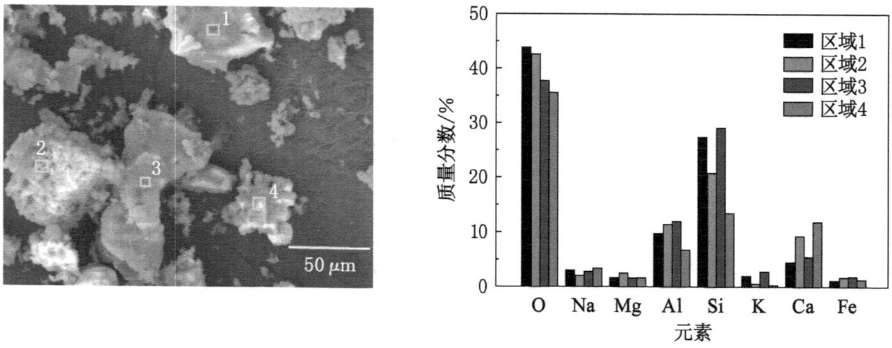


(d) 1 150 ℃

图 4-12　准东煤与 10%页岩焦混合燃料不同燃烧温度所得灰分的 SEM-EDS 图

其元素组成主要为 Ca、Si、Al 和 O 等，判断该颗粒为钙的硅铝酸盐。同时，区域 2 为不规则的表面附着细小颗粒的灰粒，其主要由 Na、Si、Al 和 O 等元素组成，因此，判断该颗粒为钠的硅铝酸盐，进一步根据 XRD 结果判断该颗粒主要为霞石。区域 3 为表面光滑的不规则颗粒，主要由 Si 和 O 等元素组成，因此，确定该颗粒为石英。此外，区域 4 为不规则的熔融团聚颗粒，其元素组成主要为 Ca、Si、Al 和 O 等，判断该颗粒为钙的硅铝酸盐，并与其他元素发生了低温共熔。如图 4-12(d)所示，当燃烧终温为 1 150 ℃时，区域 1 为带有棱角的表面光滑的不规则的颗粒，其元素组成主要为 Si、Al 和 O 等，根据 XRD 结果进一步确定为熔点高达 1 850 ℃的莫来石。区域 2 和区域 4 为粒径较大的表面粗糙的熔融颗粒，其主要由 Ca、Si、Al 和 O 元素组成，判断该颗粒为钙的硅铝酸盐，并与其他元素 Na、Mg 和 Fe 等形成了低温共熔体。区域 3 中的颗粒为较大的片状不规则颗粒，并附着在另一个更大的颗粒上，其主要元素为 Ca、Na、Si、Al 和 O 等，该颗粒可能为富含 Na、Ca 的长石类化合物，其熔点较高，没有发生熔融。根据准东煤与 10% 页岩焦混合燃料在不同温度下所得灰分的 SEM-EDS 图像可知，随着燃烧温度的升高，大量颗粒较大、熔点较高的矿物质生成，包括硅铝酸盐、莫来石等。准东煤配入页岩焦以后，其灰分中配入了较多的 $SiO_2$ 和 $Al_2O_3$，在高温燃烧过程中，大颗粒且高熔点的灰分也显著增加，抑制了准东煤燃用过程中灰分的熔融和烧结。具体粒度分析见 4.3.6。

### 4.3.6　准东煤与油页岩/页岩焦共燃烧过程灰粒度变化

图 4-13 所示为准东煤、准东煤＋10%半焦(MC2)和准东煤＋10%油页岩(MY2)在不同温度下燃烧所得灰样的粒度分布。燃料的燃烧温度和燃烧过程中矿物质之间的反应对成灰粒度有着重要的影响[155]。助熔性矿物质的晶粒较小，一般小于 10 μm，但在高温燃烧过程中容易造成烧结。耐熔性矿物质的晶粒较大，一般大于 10 μm，由于其灰熔点较高在高温燃烧过程中可以保持原有的形态[156]。

如图 4-13(a)所示，准东煤在 575 ℃终温下燃烧时，其灰分中的矿物质之间由于温度较低基本未发生反应，均为原生矿物质。准东煤中的原生矿物质中含有大量的碱金属和碱土金属，其晶粒较小，因此，准东煤在 575 ℃终温下灰分中晶粒较小的矿物质占主导地位，其粒度小于 10 μm 的颗粒占 84.31%。随着燃烧温度的升高，AAEM 逐渐挥发至气相，矿物质之间开始发生反应，生成晶粒较大的矿物质或低熔点的矿物质之间发生烧结。当燃烧温度达到 850～950 ℃时，灰分中小于 10 μm 的颗粒降至 58.74%～37.56%，大量的 AAEM 释放，灰中大颗粒占比增加。当燃烧温度达到 1 050 ℃时，钙长石等大颗粒生成，灰中大于 10 μm 的颗粒占据主导地位，占总灰样的 66.74%。但粒度达到 41.36 μm 时，粒度累计量达到 100%，因此该温度下暂未发生烧结和结渣。当燃烧温度达到 1 150 ℃时，粒度小于 10 μm 的颗粒不足 1%，100 μm 以下的颗粒仅占 17.78%，粒度大于 100 μm 的颗粒占主导地位，说明准东煤灰在 1 150 ℃下发生了严重的烧结和结渣。

如图 4-13(b)和图 4-13(c)所示，随着温度的升高，准东煤＋10%页岩焦(MC2)和准东煤＋10%油页岩(MY2)两种混合燃料灰分的粒度分布均向右移动，说明混合灰样的粒度逐渐增大。当燃烧温度升高至 850 ℃时，MC2 中大于 10 μm 的颗粒增至 55.53%，而 MY2 中大于 10 μm 的颗粒为 37.46%。当燃烧温度进一步升高，混合灰样中大于 10 μm 的颗粒进一步增加，但均小于 100 μm，说明未发生烧结和结渣。当燃烧温度增加至 1 150 ℃时，MC2

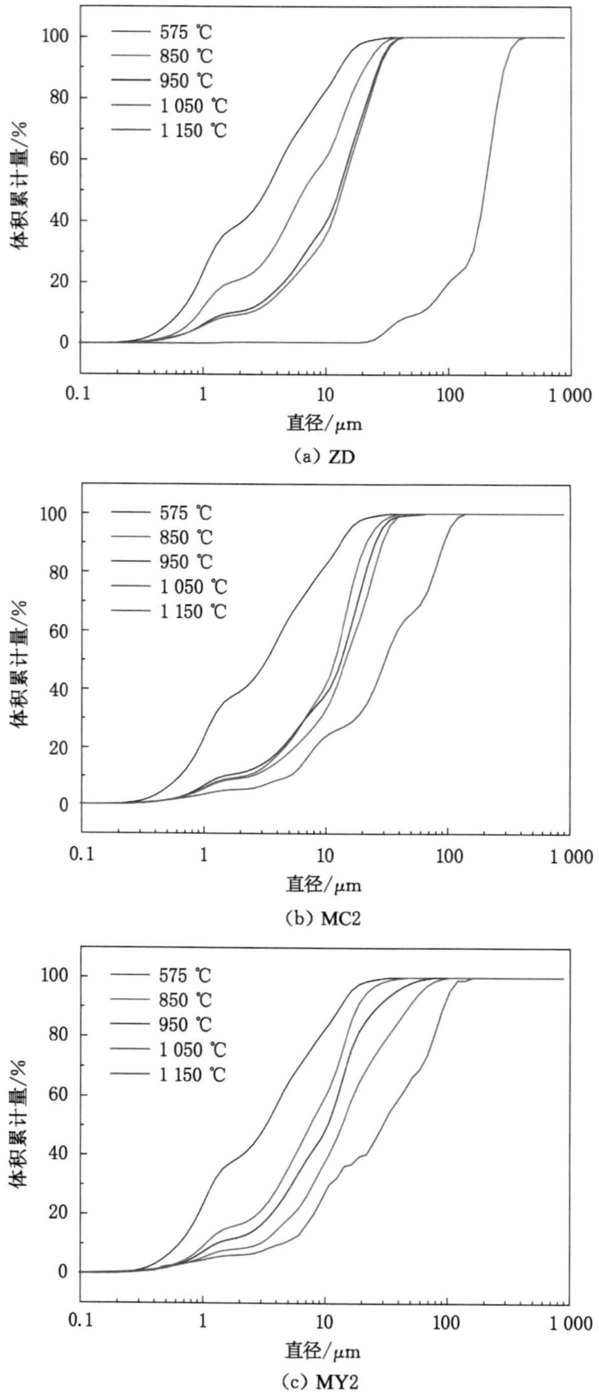


图 4-13　不同样品 ZD、MC2 和 MY2 在不同温度下燃烧所得灰分的粒度分布

中大于 100 μm 的颗粒仅为 1.29%，而 MY2 中大于 100 μm 的颗粒仅为 4.37%，说明配入油页岩或页岩焦以后，准东煤的高温烧结和结渣情况得到了有效的抑制和缓解。结合 XRD 和 SEM-EDS 结果可以看出，当准东煤配入油页岩或页岩焦以后，提供了较多的 Si 和 Al 元

素，有利于晶粒较大的硅铝酸盐生成。因此，随着温度的升高，混合燃料中生成了较多的霞石、钙长石、镁黄长石和莫来石等晶粒较大的矿物质，造成灰分中粒度大的颗粒含量增多。在相同温度下，准东煤与页岩焦混合燃料的灰分中大于 10 μm 的颗粒均多于准东煤与油页岩的混合燃料，这是因为在相同配比下，页岩焦中的 Si、Al 含量高于油页岩本身，因此，产生了更多的大颗粒的硅铝酸盐。

# 第5章　昌吉油页岩催化燃烧特性及动力学分析

## 5.1　引言

新疆昌吉地区油页岩资源丰富，但由于其含油率低，直接提取石油难度较大，再加上新疆交通不便，运输成本高，当地电厂将其用于燃烧发电[157]。在热转化过程中，碱金属和碱土金属的存在能够影响油页岩的热分解行为，改善其燃烧特性。同时，第4章的研究结果表明，油页岩中的硅、铝等元素对钠和钙具有很强的捕获能力，可抑制其挥发，将其固定至灰中，随排渣系统排出，因此，可以有效缓解由碱金属和碱土金属带来的沾污和腐蚀等问题。因此，利用准东煤中的碱金属和碱土金属催化油页岩燃烧，提高其燃烧性能具有一定的工业价值和现实意义。本章采用热重分析技术考查了AAEM催化剂、升温速率、气氛对昌吉油页岩燃烧特性的影响，阐述了AAEM的催化机理，并进行了动力学分析，为昌吉油页岩的综合高效利用提供新途径。

## 5.2　实验部分

### 5.2.1　样品准备

将昌吉油页岩和准东煤样品破碎并筛分后，取1 g油页岩分别负载10%的乙酸钠、乙酸钙和氧化镁等催化剂，分别记为CJ+Na、CJ+Ca和CJ+Mg。然后配制1 g油页岩与准东煤的混合燃料，准东煤质量分别占5%，10%，15%，20%和25%，记为CJ+5%ZD、CJ+10%ZD、CJ+15%ZD、CJ+20%ZD和CJ+25%ZD。将所有样品中加入100 mL去离子水，在磁力搅拌器上搅拌24 h，并在鼓风干燥箱里干燥12 h。烘干后收集样品待燃烧实验用。

### 5.2.2　固定床燃烧实验

将5.2.1准备的样品在德国耐驰STA 449F3热重分析仪中进行固定床燃烧实验，燃烧温度从室温升至900 ℃，升温速率分别设置为5 ℃/min，10 ℃/min，20 ℃/min，燃烧气氛分别为(20%，30%，50%)$O_2$+$N_2$和(20%，30%，50%)$O_2$+$CO_2$，样品质量为10 mg左右，载气总流量为100 mL/min。

### 5.2.3　燃烧特性参数

为了比较不同催化剂、升温速率、气氛对油页岩燃烧性能的影响，现引入几个重要的燃烧特性参数[158]，分别为着火温度($T_i$)、峰值温度($T_m$)、燃尽温度($T_b$)和评估燃烧性能指标的几个重要指数，分别为着火特性指数($C_i$)、燃尽特性指数($C_b$)和综合燃烧指数($S$)。其中，着火温度($T_i$)、峰值温度($T_m$)、燃尽温度($T_b$)可根据 TG-DTG 曲线得出，着火温度可通过 TG-DTG 曲线切线法求出[159]。峰值温度($T_m$)为 DTG 曲线最大失重速率所对应的温度。燃尽温度($T_b$)为燃料中可燃物燃烧 98%时所对应的温度[160]。

着火特性指数($C_i$)和燃尽特性指数($C_b$)是用来评估燃料可燃性能和燃尽性能的重要指标，其数值越高，说明燃料的可燃性能和燃尽性能越好。综合燃烧指数($S$)是用来评估燃料综合燃烧反应性的重要指标，其数值越高，说明燃烧的综合燃烧反应性越优，上述三个指数分别通过式(5-1)、式(5-2)和式(5-3)计算得到。

$$C_i = \frac{(\mathrm{d}w/\mathrm{d}t)_{max}}{t_i t_{max}} \tag{5-1}$$

$$C_b = \frac{(\mathrm{d}w/\mathrm{d}t)_{max}}{\Delta t_{1/2} t_{max} t_b} \tag{5-2}$$

$$S = \frac{(\mathrm{d}w/\mathrm{d}t)_{max} (\mathrm{d}w/\mathrm{d}t)_{mean}}{T_i^2 T_b} \tag{5-3}$$

式中　$(\mathrm{d}w/\mathrm{d}t)_{max}$和$(\mathrm{d}w/\mathrm{d}t)_{mean}$——燃料燃烧过程中的最大失重速率和平均失重速率；

$t_i$，$t_{max}$和 $t_b$——到达着火点温度，最大失重速率和燃尽温度所用的时间；

$\Delta t_{1/2}$——失重速率达到最大失重速率的 1/2，即$(\mathrm{d}w/\mathrm{d}t)/(\mathrm{d}w/\mathrm{d}t)_{max}=1/2$ 的两个时间之间的差值。

### 5.2.4　协同性分析

为了评估准东煤和油页岩在共燃烧过程是否存在协同效应，我们引入协同燃烧指数($F$)来比较准东煤和油页岩在共燃烧过程中失重的实验值和加权值的差异[161-162]。其计算公式为：

$$M_{cal} = X_{CJ} M_{CJ} + X_{ZD} M_{ZD} \tag{5-4}$$

$$\left(\frac{\mathrm{d}w}{\mathrm{d}t}\right)_{cal} = X_{CJ}\left(\frac{\mathrm{d}w}{\mathrm{d}t}\right)_{CJ} + X_{ZD}\left(\frac{\mathrm{d}w}{\mathrm{d}t}\right)_{ZD} \tag{5-5}$$

$$F = \frac{(\mathrm{d}w/\mathrm{d}t)_{max,exp} \Delta T_{1/2,exp} T_{max,exp}}{(\mathrm{d}w/\mathrm{d}t)_{max,cal} \Delta T_{1/2,cal} T_{max,cal}} \tag{5-6}$$

式中　$X_{CJ}$，$X_{ZD}$——油页岩和准东煤的质量分数；

$M_{CJ}$，$M_{ZD}$——油页岩和准东煤的剩余质量；

$(\mathrm{d}w/\mathrm{d}t)_{CJ}$，$(\mathrm{d}w/\mathrm{d}t)_{ZD}$——油页岩和准东煤的失重速率；

$M_{cal}$，$(\mathrm{d}w/\mathrm{d}t)_{cal}$——混合燃料的剩余质量和失重速率的加权值；

$(\mathrm{d}w/\mathrm{d}t)_{max,exp}$，$(\mathrm{d}w/\mathrm{d}t)_{max,cal}$——混合燃料最大失重速率的实验值和加权值；

$\Delta T_{1/2,exp}$，$\Delta T_{1/2,cal}$——混合燃料 DTG 曲线半峰宽的实验值和加权值；

$T_{max,exp}$，$T_{max,cal}$——混合燃料 DTG 曲线最大失重速率实验值和加权值对应的温度。

### 5.2.5　动力学分析

为了深入分析油页岩催化燃烧过程中的相互作用机理，本章进行油页岩催化燃烧动力学分析。利用 1.4 所述的动力学分析方法，求解 AAEM 催化油页岩燃烧的动力学“三因子”，即活化能 $E$、指前因子 $A$ 和机理函数 $f(\alpha)$。

# 5.3 结果与讨论

## 5.3.1 油页岩和准东煤单独燃烧过程

图 5-1 所示为昌吉油页岩和准东煤单独燃烧的热失重曲线。实验中温度从室温加热至 900 ℃，升温速率为 10 ℃/min。由 TG 曲线可知，油页岩的失重量为 17.82%，而准东煤的失重量为 94.84%，油页岩的失重量远低于准东煤，这是因为油页岩中不可燃的无机矿物质含量较高，如高岭土、石英等。由 DTG 曲线可知，油页岩和准东煤的燃烧过程有两种不同的燃烧机理。对于油页岩来说，其燃烧过程有两个失重峰，第一个失重峰出现在 200 ℃以前，这是由于水分蒸发和吸附气的脱附造成的，其失重量较低。而第二个失重峰则出现在 314.4～603.9 ℃，为挥发分和固定碳的燃烧，最大失重速率出现在 420.3 ℃，为 0.81 %/min。对于准东煤而言，其燃烧过程有三个失重峰，第一个失重峰同样在 200 ℃以前，为水分的蒸发和吸附气的脱附，其失重量高于油页岩，这是因为准东煤中有较高的水分。第二个失重峰的温度范

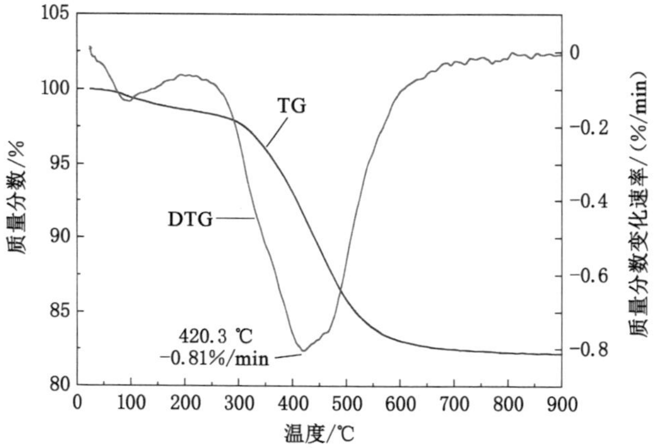


(a) 昌吉油页岩

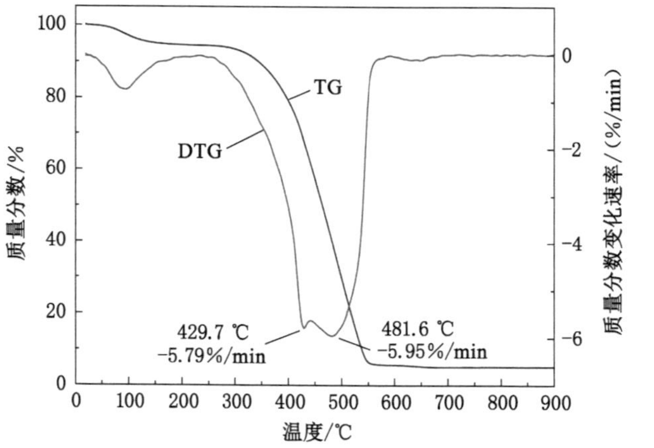


(b) 准东煤

图 5-1 昌吉油页岩和准东煤的 TG-DTG 曲线

围为 333.6～442.2 ℃，其失重量为 26.9%，这与准东煤的挥发分相近，因此在该温度范围内为挥发分的析出并着火，最大失重速率出现在 429.7 ℃，为 5.79 %/min，远高于油页岩，这是因为准东煤具有较高的挥发分，且灰分中碱金属和碱土金属含量较高，促进了挥发分的析出。第三个失重峰的温度范围为 442.2～548.6 ℃，其失重量为 54.8%，这与准东煤中的固定碳含量相近，因此在该温度范围内为固定碳的着火燃烧，其最大失重速率出现在 481.6 ℃，为 5.95%/min。根据 5.2.3 所述的方法，测得油页岩的着火点为 356.5 ℃，准东煤的着火点为 401.6 ℃，这说明油页岩比准东煤更容易着火，这是因为准东煤中水分含量较高，其蒸发消耗了一部分热量，减缓了热量的传递，导致了准东煤在较高的温度着火。而油页岩的燃尽温度(676.5 ℃)高于准东煤(546.7 ℃)的，这是因为准东煤具有较高的灰分。

### 5.3.2　催化剂对油页岩燃烧特性的影响

图 5-2 为昌吉油页岩负载 3 种 AAEM 催化剂燃烧的 TG-DTG 曲线。实验温度从室温加热至 900 ℃，气氛为 20%$O_2$+80%$N_2$，升温速率为 10 ℃/min。从图 5-2(a)可以看出，单独油页岩及负载 3 种催化剂的油页岩燃烧后的残渣质量分数分别为 82.18%、79.91%、79.26% 和 79.81%。这说明 AAEM 催化剂促进了油页岩的燃烧行为，降低了剩余残渣的质量。由图 5-2(b)可知，相比单独油页岩，CJ+Na、CJ+Ca 和 CJ+Mg 的失重区间均向低温区移动，这是因为 AAEM 催化剂促进了油页岩的挥发分提前析出，其中乙酸钠表现出最好的效果，最大失重速率对应的温度降低了 77.8 ℃。最大失重速率对应的温度顺序为：CJ+Na<CJ+Mg<CJ+Ca<CJ。进一步，负载 AAEM 催化剂后，油页岩燃烧失重速率均加快，且氧化镁表现最为明显，最大失重速率提高了一倍。燃烧过程的最大失重速率顺序为：CJ+Mg>CJ+Ca>CJ+Na>CJ。特别地，CJ+Na 在 325～360 ℃为乙酸钠分解的失重峰，CJ+Ca 在 343～408 ℃为乙酸钙分解的失重峰，在 600～686 ℃为碳酸钙分解的失重峰。

表 5-1 为单独油页岩及负载 AAEM 催化剂油页岩的燃烧特性参数。由表 5-1 可知，四种样品的着火点($T_i$)分别为 356.5 ℃、311.0 ℃、341.3 ℃和 344.4 ℃，这表明催化剂的催化作用降低了油页岩的着火温度，促进了油页岩挥发分提前析出并着火，且乙酸钠表现出最佳效果。但在着火特性方面，氧化镁表现出最佳效果，CJ+Mg 的着火特性指数远高于其他样品，其着火特性指数 $C_i$=13.72×$10^{-4}$ %/$min^3$，较单独油页岩燃烧提高了 1.2 倍，这是因为氧化镁较大程度地提高了油页岩燃烧的失重速率。综上，四种样品的着火性能顺序为：CJ+Mg>CJ+Na>CJ+Ca>CJ。此外，在燃尽特性方面，三种 AAEM 催化剂均降低了油页岩的燃尽温度，使油页岩的燃烧过程提前完成，缩短了燃尽时间，并提高了燃尽特性指数。氧化镁在催化油页岩燃尽特性方面效果最强，其燃尽特性指数值最高($C_b$=3.66×$10^{-5}$ %/$min^4$)，较单独油页岩燃烧提高了 1.3 倍。四种样品的燃尽性能顺序为：CJ+Mg>CJ+Ca>CJ+Na>CJ。其中 CJ+Na 的着火特性优于 CJ+Ca，这是因为 CJ+Na 达到着火点和峰值温度所需要的时间较短。然而 CJ+Ca 的燃尽特性优于 CJ+Na，这是因为 CJ+Ca 具有较小的半峰宽。

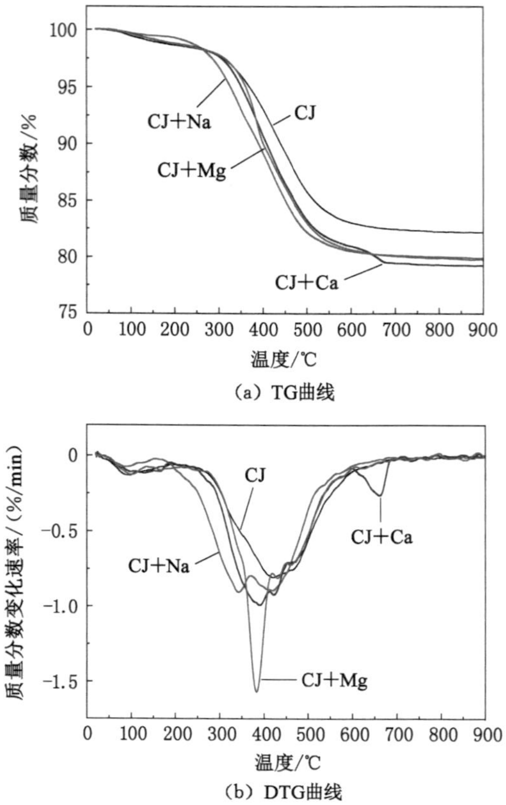


(a) TG曲线

(b) DTG曲线

图 5-2　负载 AAEM 催化剂的油页岩燃烧的 TG-DTG 曲线

**表 5-1　单独油页岩及负载 AAEM 催化剂油页岩的燃烧特性参数**

| 样品 | $(dw/dt)_{max}$ /(%/min) | $(dw/dt)_{mean}$ /(%/min) | $T_i$/℃ | $T_m$/℃ | $T_b$/℃ | $t_m$/min | $t_i$/min | $t_b$/min | $C_i\times10^4$ /(%/min³) | $C_b\times10^5$ /(%/min⁴) | $S\times10^9$ /[%²/(℃³·min²)] |
|---|---|---|---|---|---|---|---|---|---|---|---|
| CJ | 0.81 | 0.19 | 356.5 | 420.3 | 676.5 | 39.53 | 33.15 | 65.15 | 6.18 | 1.60 | 1.79 |
| CJ+Na | 0.90 | 0.21 | 311.0 | 342.5 | 644.1 | 31.75 | 28.60 | 61.91 | 9.91 | 2.16 | 3.03 |
| CJ+Ca | 0.99 | 0.22 | 341.3 | 389.9 | 670.2 | 36.49 | 31.63 | 64.52 | 8.58 | 2.25 | 2.79 |
| CJ+Mg | 1.57 | 0.22 | 344.4 | 383.1 | 665.7 | 35.81 | 31.94 | 64.07 | 13.72 | 3.66 | 4.37 |

总体而言,四种 AAEM 催化剂均显著提高了油页岩的综合燃烧指数(S),碱金属和碱土金属的存在提高了油页岩的燃烧反应性,促进了挥发分析出和固定碳的着火。这是因为碱金属和碱土金属是亲氧元素,可以作为氧载体,形成 $M_2O$ 或 $M_2O_2$ 高价氧化物中间体,将更多的氧从气相传递至碳表面,加速了氧的传递[163]。同时,碱金属和碱土金属可作为活性中心,弱化了 C—C 键和 C—H 键的稳定性,使其极性增加,更容易发生断键,从而促进了挥发分的析出[164]。从电子转移理论角度来看,AAEM 嵌入碳晶格内部以改变碳表面的电子构型,并作为电子给体,通过电荷的迁移加速了油页岩的燃烧反应。四种油页岩样品的综合燃烧性能顺序为:CJ+Mg>CJ+Na>CJ+Ca>CJ。对于三种 AAEM 来说,CJ+Mg 的 $S$ 值最高,也就是说镁对油页岩燃烧的催化效果最好,钠次之,钙最小。这与 AAEM 被氧化

成高价中间体后的电负性顺序一致，其电负性越高，携氧能力越强。

### 5.3.3　升温速率对油页岩燃烧特性的影响

图 5-3 为单独油页岩及负载 AAEM 催化剂的油页岩在不同升温速率下的 TG-DTG 曲线。由图 5-3 可知，随着温度的升高，不同升温速率下油页岩的燃烧行为基本一致。随着升温速率的增大，油页岩失重量基本一致，失重峰加宽，DTG 曲线向高温区移动，最大失重速率加快，燃烧更剧烈，这是因为油页岩中的挥发分在较高的升温速率下更容易析出。

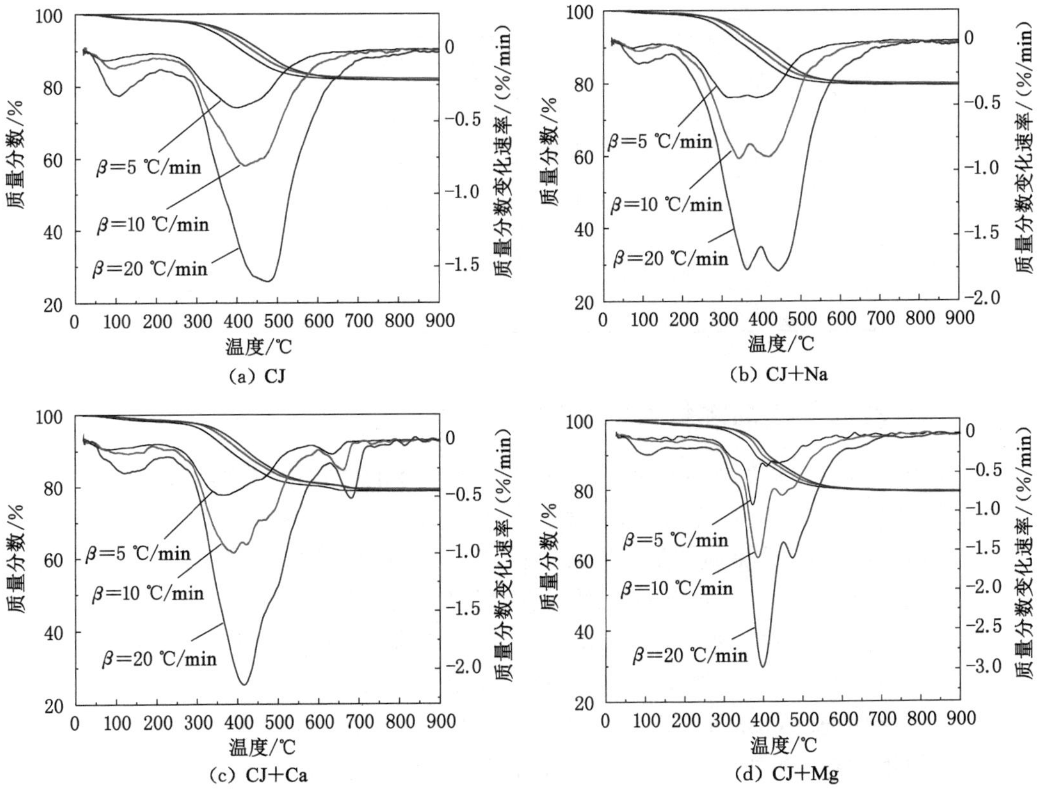


图 5-3　单独油页岩及负载催化剂油页岩在不同升温速率下的 TG-DTG 曲线

表 5-2 列出了单独油页岩及负载 AAEM 催化剂的油页岩在不同升温速率下的燃烧特性参数。由表 5-2 可知，随着升温速率的升高，三个特征温度着火点($T_i$)、峰值温度($T_m$)、燃尽温度($T_b$)均增加。这是因为升温速率越快，油页岩颗粒的温度迅速上升，很快达到目标温度，缩短了燃烧时间。然而，燃烧系统的氧气含量有限，不能充分地与油页岩接触，所以可燃物质没有及时燃烧，所以造成了燃烧反应的延迟，向高温区移动。此外，随着升温速率的升高，氧气和热量向油页岩内部的扩散阻力增大，这是由于油页岩颗粒的外表面和内表面之间的温度和压力存在较大的梯度，在低温下不利于孔的形成和氧气的传递，因此，热滞现象发生[165-166]。同时，随着升温速率的升高，三个燃烧特性指数 $C_i$、$C_b$ 和 $S$ 均升高，这是因为挥发分的析出速率和燃烧反应速率加快，因此，着火特性、燃尽特性和综合燃烧指数均有所提高。

表 5-2 单独油页岩及负载 AAEM 催化剂的油页岩在不同升温速率下的燃烧特性参数

| 样品 | 升温速率 /(℃/min) | $T_i$/℃ | $T_m$/℃ | $T_b$/℃ | $(dw/dt)_{max}$ /(%/min) | $(dw/dt)_{mean}$ /(%/min) | $C_i\times10^4$ /(%/min³) | $C_b\times10^5$ /(%/min⁴) | $S\times10^9$ /[%²/(℃³·min²)] |
|---|---|---|---|---|---|---|---|---|---|
| CJ | 5 | 341.6 | 398.8 | 665.1 | 0.41 | 0.10 | 0.86 | 0.22 | 0.53 |
| | 10 | 356.5 | 420.3 | 676.5 | 0.81 | 0.19 | 6.18 | 1.60 | 1.79 |
| | 20 | 386.9 | 475.2 | 704.6 | 1.60 | 0.39 | 39.28 | 42.08 | 5.92 |
| CJ+Na | 5 | 288.8 | 321.4 | 612.9 | 0.44 | 0.11 | 1.41 | 0.29 | 0.95 |
| | 10 | 311.0 | 342.6 | 644.1 | 0.90 | 0.21 | 9.91 | 2.16 | 3.03 |
| | 20 | 316.5 | 362.5 | 659.4 | 1.77 | 0.44 | 71.96 | 59.28 | 11.79 |
| CJ+Ca | 5 | 319.9 | 365.4 | 647.6 | 0.48 | 0.12 | 1.20 | 0.30 | 0.87 |
| | 10 | 341.3 | 390.0 | 670.3 | 0.99 | 0.22 | 8.58 | 2.25 | 2.79 |
| | 20 | 363.5 | 415.9 | 694.9 | 2.13 | 0.47 | 64.39 | 72.80 | 10.90 |
| CJ+Mg | 5 | 331.6 | 370.6 | 645.1 | 0.88 | 0.11 | 2.07 | 2.74 | 1.36 |
| | 10 | 344.4 | 383.1 | 665.7 | 1.57 | 0.22 | 13.72 | 3.66 | 4.37 |
| | 20 | 366.5 | 394.8 | 690.2 | 3.35 | 0.45 | 106.11 | 246.48 | 16.26 |

### 5.3.4 气氛对油页岩燃烧特性的影响

富氧燃烧技术是指燃料在比常规空气中含氧浓度高的气氛中燃烧的技术[167]。较高的氧气浓度有利于降低燃料的着火点，提高燃烧反应速率，进而加快燃烧反应进程[168-169]。$O_2/CO_2$燃烧技术为第一代富氧燃烧技术，该技术利用空气分离装置得到纯氧，然后将纯氧与部分循环烟气混合代替空气作为助燃气体，使燃料迅速着火燃烧，产生含有高浓度 $CO_2$ 的烟气，大部分烟气继续返回炉膛参与循环，其中一小部分则被抽出进行 $CO_2$ 压缩回收[170]。相比传统的空气燃烧技术，$O_2/CO_2$燃烧技术可将烟气中的 $CO_2$ 浓度提高至 95%以上，无须分离可直接液化回收，有利于 $CO_2$ 的捕集和封存，同时，可以降低 $SO_2$ 和 $NO_x$ 的浓度，对控制温室气体和酸性气体的排放有着重要意义。因此，本部分考查了两种气氛（$O_2/N_2$ 和 $O_2/CO_2$）不同氧气浓度下的油页岩燃烧特性，为油页岩清洁高效发电及 $CO_2$ 减排提供技术参考。

需要说明的是，虽然油页岩在两种气氛下均产生一定量的 $CO_2$，但热重实验的样品量较小（10 mg），产生的 $CO_2$ 量也很小，同时会被载气及时带走，$CO_2$ 残留较少。实验载气流速为 100 mL/min，油页岩燃烧产生的 $CO_2$ 可忽略不计。

图 5-4 为 CJ 油页岩在升温速率为 20 ℃/min 不同气氛下（$0.2O_2+0.8N_2$，$0.3O_2+0.7N_2$ $0.5O_2+0.5N_2$ 和 $0.2O_2+0.8CO_2$，$0.3O_2+0.7CO_2$，$0.5O_2+0.5CO_2$）的 TG-DTG 曲线。由图 5-4 可知，在两种气氛下，随着氧气浓度的升高，油页岩样品的失重量基本一致，失重速率增加，DTG 曲线向低温区移动。这是因为更高的氧气浓度能提高氧气在油页岩附近的分压，促进了碳颗粒表面对氧气的吸附和氧气向油页岩内部孔道的扩散，加快了燃烧速率，使得油页岩在较低的温度下着火。比较图 5-4(a)和图 5-4(b)发现，将常规空气中的 $N_2$ 替换为 $CO_2$ 后，油页岩的燃烧机理没有发生改变，都为非均相燃烧过程。

表 5-3 所示为当升温速率为 20 ℃/min 时，CJ 油页岩在不同气氛下的燃烧特性参数。由表 5-3 可知，随着氧气浓度的升高，油页岩燃烧的着火点和燃尽点均降低，最大失重速率

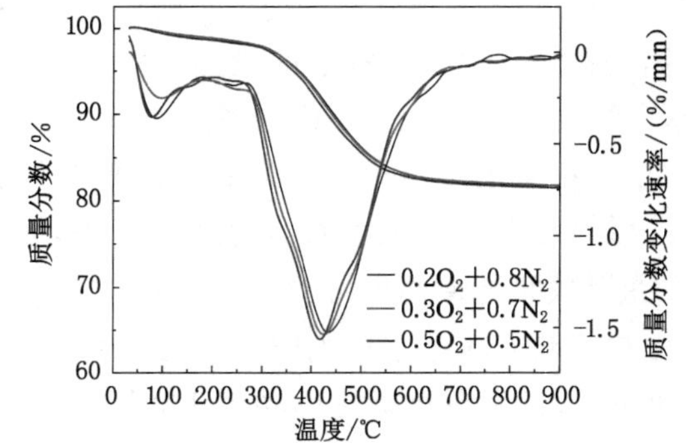


(a)

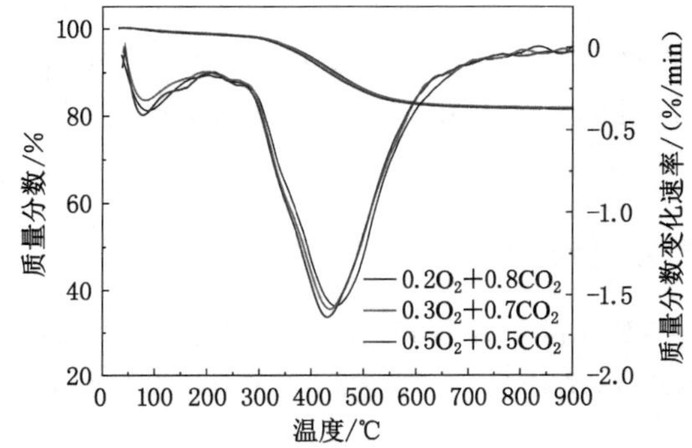


(b)

图 5-4　昌吉油页岩在升温速率为 20 ℃/min 不同气氛下的 TG-DTG 曲线

增大，使得油页岩在较低的温度较高的速率下完成燃烧反应，着火特性指数、燃尽特性指数和综合燃烧指数均上升。由此说明，较高的氧气浓度有效地改善了油页岩的燃烧反应特性。但是，无论是 $O_2+N_2$ 还是 $O_2+CO_2$ 气氛下，活化能均随着氧气浓度的升高而增大。这是因为在较高的氧气浓度下，油页岩燃烧反应可以在较低的温度提前进行，而当温度较低时，表面反应速率很慢，为动力学控制区，扩散效应很弱，实验得到的表观活化能接近化学反应的本征活化能。因此，随着氧气浓度的增加，反应从扩散控制区转移至动力学控制区，从而导致活化能的增大[171]。

**表 5-3　升温速率为 20 ℃/min 时，昌吉油页岩在不同气氛下的燃烧特性参数**

| 气氛 | $T_i$/℃ | $T_m$/℃ | $T_b$/℃ | $(dw/dt)_{max}$ /(%/min) | $C_i\times10^3$ /(%/min³) | $C_b\times10^4$ /(%/min⁴) | $S\times10^9$ /[%²/(℃³·min²)] | $E$ /(kJ/mol) | $R^2$ |
|---|---|---|---|---|---|---|---|---|---|
| $0.2O_2+0.8N_2$ | 344.5 | 427.3 | 701.6 | 1.53 | 4.76 | 4.56 | 7.72 | 30.41 | 0.999 2 |
| $0.3O_2+0.7N_2$ | 340.7 | 418.5 | 696.3 | 1.56 | 5.02 | 4.78 | 8.11 | 31.96 | 0.998 1 |
| $0.5O_2+0.5N_2$ | 333.4 | 415.5 | 689.4 | 1.58 | 5.24 | 4.82 | 8.66 | 34.47 | 0.998 6 |
| $0.2O_2+0.8CO_2$ | 366.7 | 446.7 | 706.8 | 1.57 | 4.36 | 4.45 | 7.10 | 33.21 | 0.997 9 |
| $0.3O_2+0.7CO_2$ | 354.9 | 433.2 | 704.7 | 1.59 | 4.72 | 4.67 | 8.06 | 35.03 | 0.998 1 |
| $0.5O_2+0.5CO_2$ | 346.4 | 429.8 | 697.3 | 1.64 | 5.04 | 4.79 | 8.59 | 38.85 | 0.998 6 |

在相同的氧气浓度下，在 $O_2+N_2$ 气氛中燃烧的油页岩，其着火温度和燃尽温度均低于在 $O_2+CO_2$ 气氛中燃烧的，这造成了油页岩样品的燃烧反应在 $O_2+CO_2$ 气氛中比在 $O_2+N_2$ 气氛中需要更高的温度。这是因为高温下 $CO_2$ 的比热容大于 $N_2$ 的，在相同的燃烧条件下，油页岩在 $O_2+CO_2$ 气氛下，由于烟气中较高浓度的 $CO_2$ 的存在带走了燃烧系统的一部分热量，降低了烟气和样品颗粒的温度，导致燃烧时间延长且向高温区移动。另外，在 $O_2+CO_2$ 气氛下，油页岩燃烧的最大失重速率高于 $O_2+N_2$ 气氛下，这是由于 $CO_2$ 能促进油页岩挥发分的释放[172]。油页岩在 $O_2+CO_2$ 气氛中的着火特性指数、燃尽特性指数和综合燃烧指数均低于在 $O_2+N_2$ 气氛下的，说明在相同的 $O_2$ 浓度下，油页岩在 $O_2+CO_2$ 气氛中的燃烧性能低于在 $O_2+N_2$ 气氛中的燃烧性能。这是因为在相同温度和压力下，$O_2$ 在 $CO_2$ 中的扩散系数低于在 $N_2$ 中的扩散系数，导致 $O_2$ 在 $CO_2$ 中的扩散速率降低，这不利于 $O_2$ 向油页岩碳颗粒表面传递。相同 $O_2$ 浓度下，油页岩在 $O_2+CO_2$ 气氛下燃烧的活化能高于在 $O_2+N_2$ 气氛下的，这是因为较高浓度的 $CO_2$ 存在抑制了氧气与碳的反应，使燃烧反应需要更多的能量。

### 5.3.5 油页岩催化燃烧机理分析

油页岩燃烧过程中 AAEM 的催化机理如图 5-5 所示。当油页岩颗粒与空气接触时，空气中的氧分子向油页岩碳晶格结构的表面扩散，进入其孔隙，氧分子和碳通过化学吸附，在晶格的界面和孔隙中形成 C—O 络合物，然后 C—O 络合物之间或络合物与 $O_2$ 之间发生化学反应，生成 $CO_2$ 分子，$CO_2$ 分子在热作用或分子碰撞下从碳的晶格结构中解吸。最后，$CO_2$ 分子离开内部孔隙扩散至气相。当选择 AAEM 作为油页岩燃烧催化剂时，根据氧转移理论，碱金属和碱土金属氧化物首先被氧化成高价氧化物中间体（$AAEM-O+1/2O_2 \rightarrow AAEM-O_2$），然后将氧传递至碳颗粒表面，由碳将 $AAEM-O_2$ 还原（$AAEM-O_2+C \rightarrow$

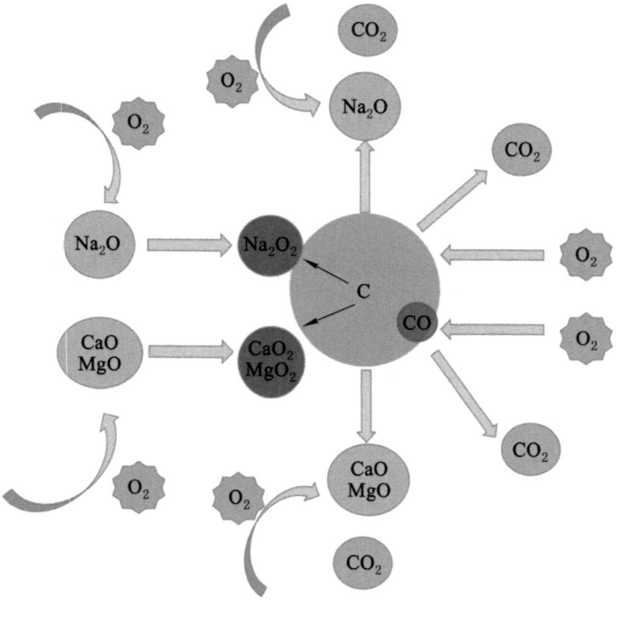


图 5-5 AAEM 催化油页岩燃烧机理

AAEM+$CO_2$)。AAEM 作为载体将氧由气相转移到油页岩中的碳颗粒上,加速了燃烧反应过程。油页岩的燃烧反应循环了这个氧化还原过程。同时,前人研究结果表明,AAEM 能促进油页岩中挥发分的析出,使其在较低的温度下着火,促进燃烧过程中焦的燃烧,从而改善油页岩燃烧特性[173-174]。

### 5.3.6　准东煤与油页岩共燃烧协同性分析

图 5-6 比较了油页岩掺配不同比例的准东煤(5%～25%)的混合燃料在 10 ℃/min 的升温速率下燃烧的 TG-DTG 曲线的实验值和加权值。由图 5-6 可知,混合燃料的失重量的

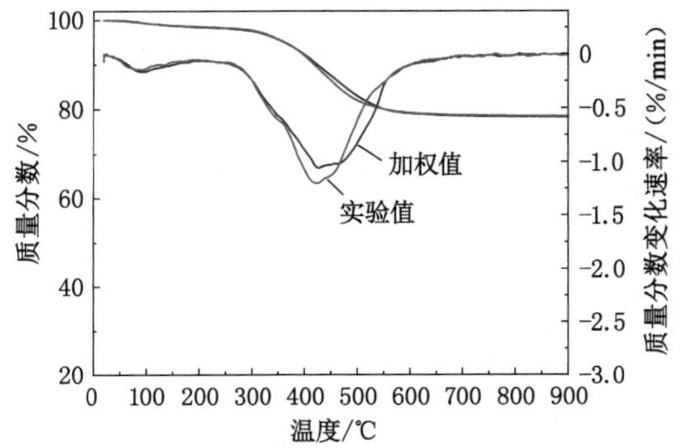

(a) CJ+5%ZD

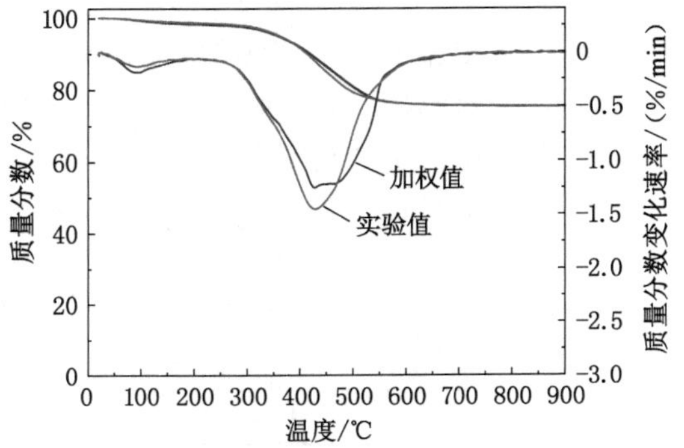

(b) CJ+10%ZD

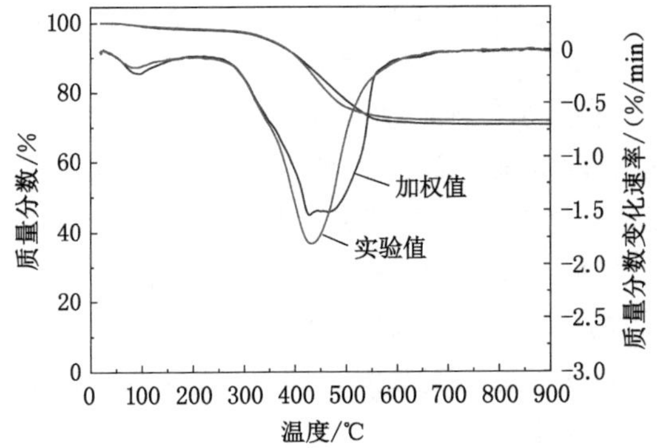

(c) CJ+15%ZD

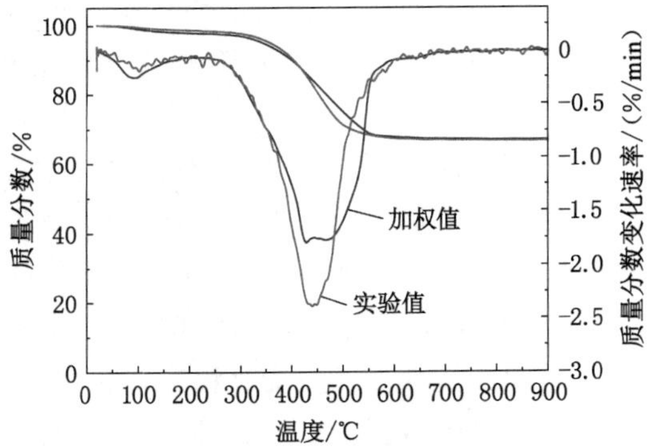

(d) CJ+20%ZD

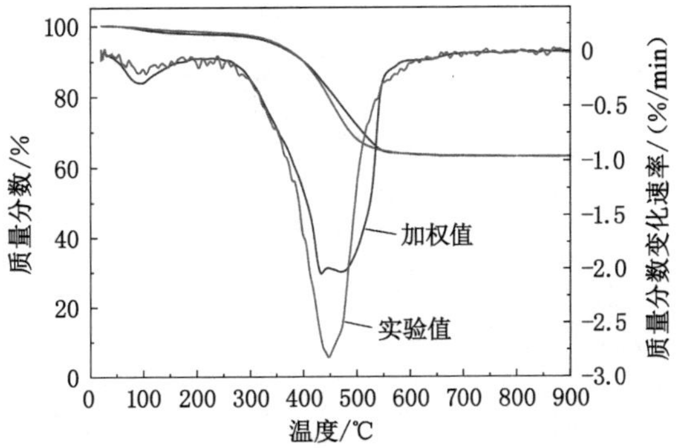

(e) CJ+25%ZD

图 5-6　油页岩和准东煤混合燃料在 10 ℃/min 升温速率下燃烧的 TG-DTG 曲线的实验值和加权值

实验值和加权值基本一致,但其失重速率的实验值均高于其加权值。除此之外,混合燃料的燃烧失重区间实验值较加权值变窄,这说明与两种燃料单独燃烧相比,油页岩与准东煤共燃烧以更加集中、更加快速的方式进行,产生了协同效应,且随着准东煤比例的升高,协同效应更加显著。

表 5-4 列出了油页岩与不同比例准东煤的混合燃料燃烧的协同效应指数。由表 5-4 可知,所有混合燃料的协同效应指数 $F$ 均大于 1,证明了协同效应的存在。这是因为准东煤中富含的碱金属和碱土金属,其灰分中含有 CaO(27.28%)、MgO(9.06%)和 $Na_2O$(4.21%),前文已经证实了这三种碱金属和碱土金属在油页岩燃烧过程中均具有很强的催化作用,且氧化镁的作用最强,同时煤本身含有较多的固定碳,这使得昌吉油页岩的燃烧性能显著提高。进一步,随着准东煤比例的增加,协同效应增大,尤其是准东煤比例超过 15%时,这是因为更多的碱金属和碱土金属配入油页岩中,产生更多的氧载体,使更多的氧向燃料表面传递,能够更快地促进挥发分的析出。同时,低熔点的含钠物质提高了催化剂在混合燃料内部的分散性,促进了催化剂在孔道内均匀分布,能更好地起到催化作用[175-176]。

**表 5-4 油页岩与准东煤混合燃料燃烧的协同效应指数**

| 样品 | CJ+5%ZD | CJ+10%ZD | CJ+15%ZD | CJ+20%ZD | CJ+25%ZD |
|---|---|---|---|---|---|
| $F$ | 1.13 | 1.16 | 1.18 | 1.37 | 1.43 |

图 5-7 所示为不同混合燃料燃烧过程不同温度下转化率实际值与加权值的差值($\Delta\alpha$),即协同效应曲线。由图 5-7 可知,不同混合燃料燃烧过程的协同曲线在约 550 ℃以前均偏离了零线,说明在室温至约 550 ℃范围内准东煤与不同比例的油页岩共燃烧过程在转化率方面均存在抑制或存进作用。在共燃烧过程前期,即低温未着火之前,协同效应曲线在零线以下,表现为抑制作用。当共燃烧过程达到高温区,即温度达到 380~410 ℃时,混合燃料开始燃烧,协同效应曲线在零线以上,$\Delta\alpha$ 值迅速增加,表现为促进作用。此时,准东煤中的 AAEM 开始起到催化油页岩裂解和充当氧载体的作用。当燃烧温度为 500 ℃左右时,$\Delta\alpha$ 达到最大值,混合燃料燃烧过程在转化率方面的促进作用达到最大。同时,随着准东煤比例的升高,协同作用更加显著。其结果与协同效应指数相一致。

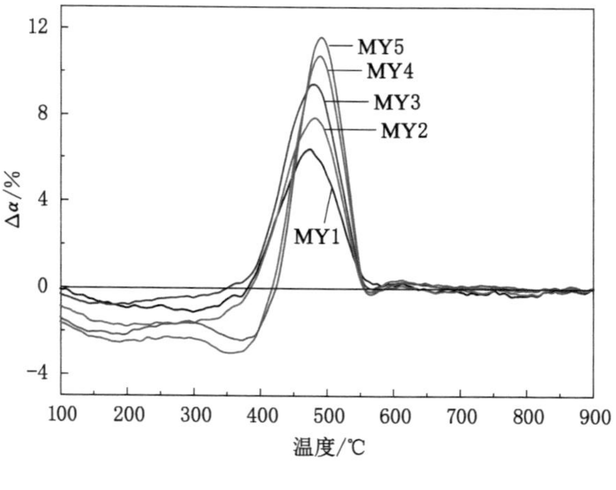


图 5-7 不同混合燃料燃烧的协同效应曲线

## 5.3.7　油页岩催化燃烧动力学分析

### 5.3.7.1　FWO 法和 Starink 法

图 5-8 所示为利用 Starink 法和 FWO 法得到的不同油页岩样品燃烧活化能随转化率的变化关系，升温速率分别为 5 ℃/min、10 ℃/min 和 20 ℃/min。所得活化能的线性相关系数($R^2$)均大于 0.99，表明结果具有较高的准确性。Starink 法和 FWO 法得到的热解活化能极其接近，表明活化能可以通过不同参数的方程和假设模型来计算，且两种方法均是可靠的[177-178]。

图 5-8(a)比较了负载乙酸钠油页岩和单独油页岩燃烧过程的活化能随转化率的变化关系。由图 5-8(a)可知，昌吉油页岩燃烧反应活化能随转化率的增加先快速上升后缓慢下降，再平稳上升。当转化率为 0.1 时，其对应的燃烧温度为 200 ℃左右，该阶段为水分和吸附气的析出，且油页岩的水分含量较少，需要的能量较少，因此，在该转化率下活化能最低，为 48.8 kJ/mol。当转化率达到 0.2 时，对应的燃烧温度为 350 ℃，在该温度下，油页岩有机质中较弱的化学键开始断裂，轻质挥发分开始析出并着火，同时释放大量的热量。当转化率达到 0.3 时，其对应的燃烧温度为 375 ℃，活化能开始下降并保持平稳，挥发分平稳燃烧。当转化率达到 0.6 时，其对应的燃烧温度为 450 ℃，有机质中较大的自由基开始裂解，固定碳开始着火，因此，活化能进一步增大。当转化率超过 0.7 时，其对应的燃烧温度为 475 ℃，由于油页岩燃烧残渣中具有较高的灰分，活化能保持平稳且达到最大值，为 135.7 kJ/mol。当油页岩负载乙酸钠后，其燃烧反应活化能随着转化率的升高而持续缓慢增加，从 103.5 kJ/mol 增加至 128.2 kJ/mol。除转化率为 0.1 以外，负载催化剂的油页岩燃烧反应活化能均低于单独油页岩燃烧的活化能。这是因为乙酸钠的催化作用，促进了油页岩有机质的裂解和挥发分的析出，加速了燃烧反应的进行，降低了活化能。钠充当氧载体使得碳颗粒表面氧浓度增加，前文证实了较高的氧气浓度，能使燃烧反应活化能增大，因此，乙酸钠在燃烧过程中充当氧载体的作用小于促进挥发分析出的作用。

图 5-8(b)比较了负载乙酸钙的油页岩和单独油页岩燃烧过程的活化能随转化率的变化关系。由图 5-8(b)可知，负载乙酸钙的油页岩在燃烧过程中的活化能随转化率的增加持续平稳上升。当 CJ＋Ca 燃烧的转化率为 0.1 时，其对应的温度为 260 ℃，活化能为 70.6 kJ/mol，活化能略高于单独油页岩燃烧的，这是因为在该温度下，油页岩单独燃烧释放水分和吸附气需要的能量较低。当 CJ＋Ca 燃烧转化率为 0.2～0.5 时，其对应的温度为 337～412 ℃，达到了 CJ＋Ca 燃烧失重的峰值温度，活化能由 88.5 kJ/mol 缓慢升高至 110.1 kJ/mol。同时，在该阶段，CJ＋Ca 燃烧反应的活化能低于油页岩单独燃烧的活化能，这说明在 CJ＋Ca 燃烧反应失重达到峰值温度以前，乙酸钙的存在以催化油页岩有机质的裂解和挥发分燃烧为主，加速了燃烧反应，降低了活化能，且该催化作用强于充当氧载体的作用。当 CJ＋Ca 燃烧的转化率超过 0.5 时，其对应的温度超过燃烧失重的峰值温度，活化能由 130.6 kJ/mol 平稳升高至 142.2 kJ/mol，在该阶段的活化能高于单独油页岩燃烧的活化能，说明乙酸钙充当氧载体的作用超过了其催化作用，使得活化能升高。因此，CJ＋Ca 燃烧反应在达到失重峰值温度以前，乙酸钙主要以催化裂解的方式促进燃烧，在超过失重峰值温度以后，乙酸钙主要以充当氧载体的方式促进燃烧。

图 5-8(c)比较了负载氧化镁的油页岩和单独油页岩燃烧过程的活化能随转化率的变化

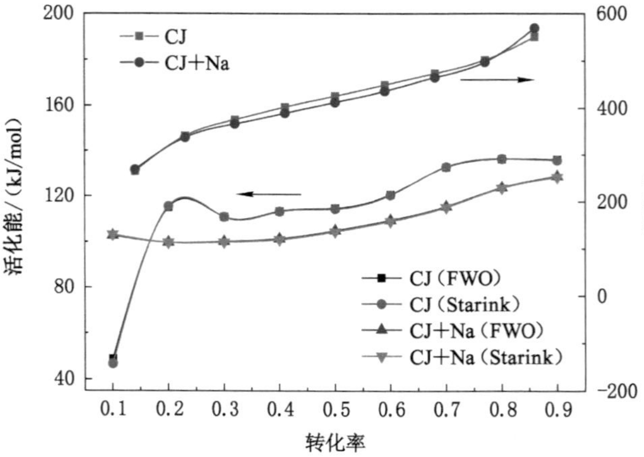


(a) CJ+Na

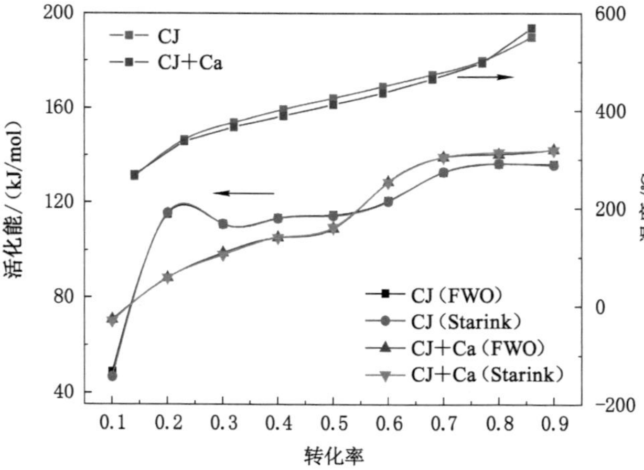


(b) CJ+Ca

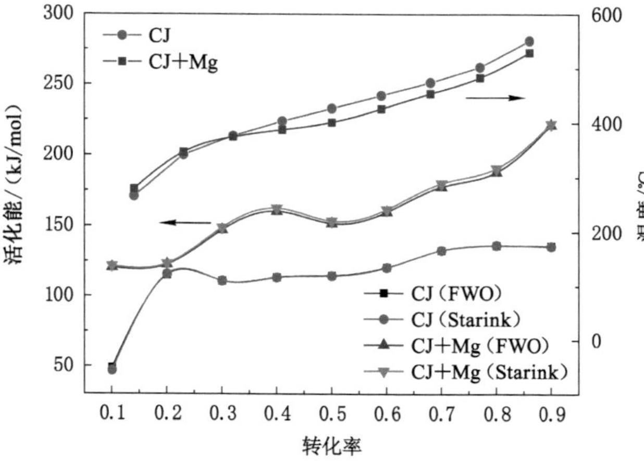


(c) CJ+Mg

图 5-8　负载催化剂的油页岩燃烧过程不同转化率下的活化能

关系。由图 5-8(c)可知，负载氧化镁的油页岩燃烧过程活化能随转化率的增加呈波动形变化，但总体呈上升趋势。当 CJ＋Mg 的燃烧转化率为 0.1～0.4 时，其对应的温度为 278～387 ℃，活化能由 120.5 kJ/mol 升高至 161.3 kJ/mol。当 CJ＋Mg 的燃烧转化率达到 0.5 时，其对应的温度为 400 ℃，活化能小幅度下降，降至 150.3 kJ/mol。当 CJ＋Mg 的燃烧转化率进一步增加，对应的温度进一步升高，燃烧过程剩余可燃物含量逐渐降低，燃烧反应性下降，活化能进一步增大。当转化率达到 0.9 时，最终燃烧反应活化能增至 222.4 kJ/mol。在燃烧过程的各个转化率下，CJ＋Mg 燃烧反应活化能均高于单独油页岩燃烧的活化能，这说明在整个燃烧过程中，氧化镁充当氧载体的作用和催化作用同时存在，且充当氧载体的作用始终强于催化作用。

#### 5.3.7.2　机理函数的确定

根据 Starink 法和 FWO 法计算得到的单独油页岩及负载催化剂油页岩催化燃烧反应中各转化率下的活化能和 Dolye 近似式，得到不同升温速率下的实验曲线 $P(u)/P(u_{0.5})$，其中计算用到的活化能采用 Starink 法和 FWO 法的平均值，其结果见图 5-9。由图 5-9 可知，单独油页岩及负载 AAEM 的四个样品在三个升温速率下(5 ℃/min、10 ℃/min 和 20 ℃/min)燃烧的实验曲线形状一致且基本重合，说明该燃烧过程的热失重可用单一的动力学机理描述。

进一步取升温速率为 10 ℃/min 下的油页岩及负载催化剂油页岩燃烧的实验曲线与采用 15 种动力学模型函数绘制的标准曲线对比，即比较 $P(u)/P(u_{0.5})$ 与 $G(\alpha)/G(0.5)$ 曲线的形状，其结果见图 5-10。如果实验曲线与某一机理函数的标准曲线重合，那么说明该燃烧反应的最概然机理函数为与之重合的标准曲线所对应的机理函数。由图 5-10(a)至图 5-10(d)可知，以 10 ℃/min 为例的四种不同油页岩样品燃烧的实验曲线均没有与任何一条标准曲线重合，但与 $F_1$ 至 $F_3$ 变化趋势一致，且介于他们之间，说明不能用整数来描述动力学机理，因此，负载 AAEM 催化剂的油页岩和单独油页岩的燃烧过程均为简单的级数模型，但其动力学机理均偏离了理想模型，需要进一步确定 $n$ 值。

如图 5-10 所示，根据不同油页岩样品燃烧的实验曲线与标准曲线的相对位置，确定了 CJ、CJ＋Na、CJ＋Ca 和 CJ＋Mg 四种油页岩样品燃烧反应的 $n$ 值均大于 2。进一步，利用机理函数的级数模型公式，将转化率代入 $G(\alpha)$。然后，根据公式(1-22)将活化能 $E$、不同转化率对应的温度 $T$ 代入式(1-23)，得到 $P(u)$，以 $G(\alpha)$ 对 $EP(u)/(\beta R)$ 作图，并采用最小二乘法进行线性拟合，得到一条截距接近为零，斜率为指前因子 $A$ 的直线。不同油页岩样品在确定的 $n$ 值范围内，以步长为 0.1 适取不同的 $n$ 值，当拟合直线的相关系数 $R^2$ 接近 1 时，则确定了最合适的 $n$ 值。最终确定了负载 AAEM 催化剂及单独油页岩燃烧过程的动力学三因子，结果见表 5-5。

由表 5-5 可知，CJ、CJ＋Na、CJ＋Ca 和 CJ＋Mg 四种油页岩样品的燃烧反应的机理函数分别为 $f(\alpha)=(1-\alpha)^{2.4}$、$f(\alpha)=(1-\alpha)^{3.1}$、$f(\alpha)=(1-\alpha)^{3.2}$、$f(\alpha)=(1-\alpha)^{3.5}$，其指前因子分别为 $1.41\times10^{8}\ s^{-1}$、$2.89\times10^{8}\ s^{-1}$、$6.27\times10^{9}\ s^{-1}$、$2.31\times10^{11}\ s^{-1}$。负载 AAEM 催化剂没有改变油页岩燃烧的机理函数模型，即均为级数反应模型，但提高了 $n$ 值，促进了反应物的燃烧转化。线性拟合相关系数 $R^2$ 均高于 0.99，说明求得的动力学三因子的结果是可靠的。

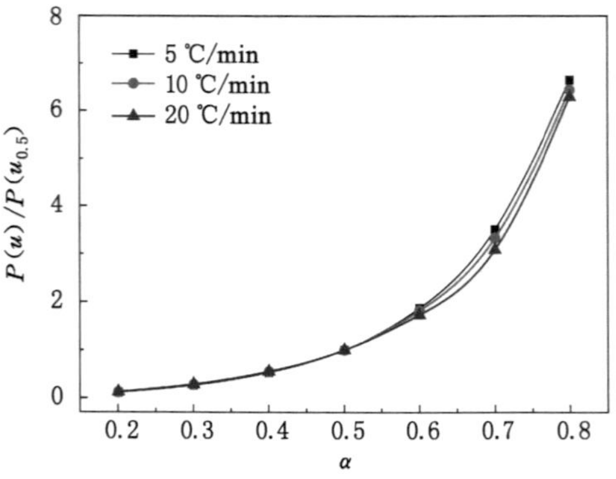


(a) CJ

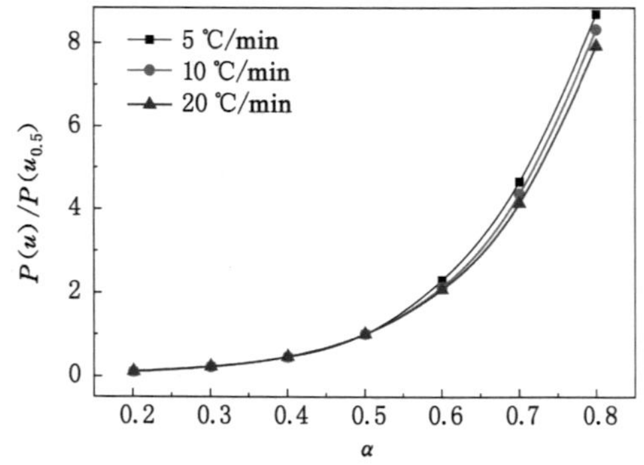


(b) CJ+Na

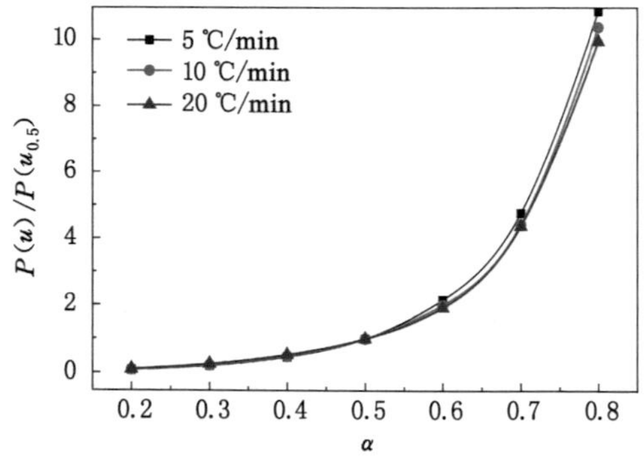


(c) CJ+Ca

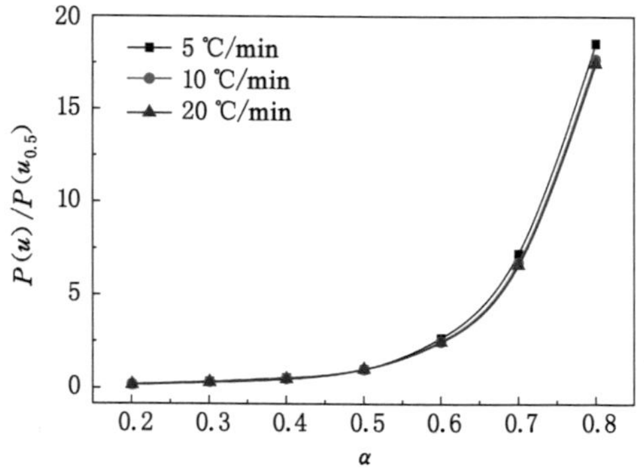


(d) CJ+Mg

图 5-9　不同油页岩样品在不同升温速率下燃烧的实验曲线

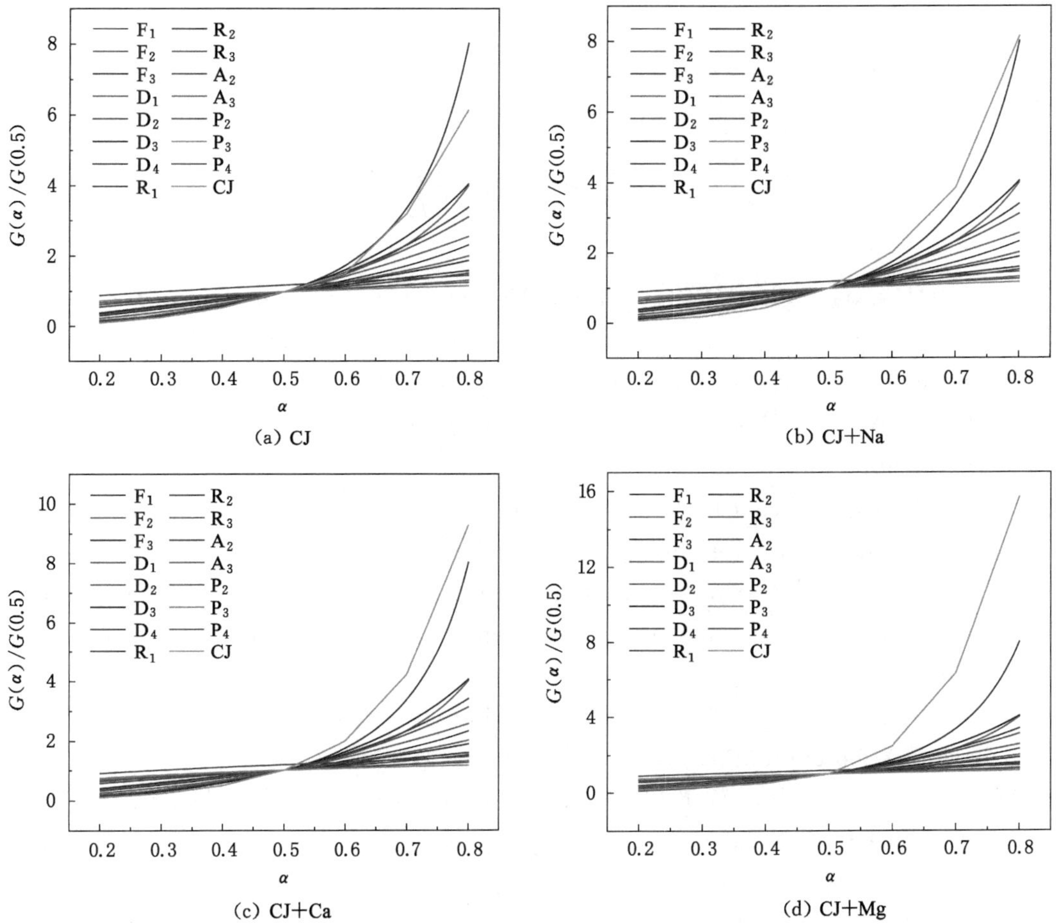


图 5-10　不同油页岩样品燃烧的实验曲线与标准曲线对比图

**表 5-5　不同油页岩样品燃烧过程的动力学三因子**

| 样品 | $E$/(kJ/mol) | $A/s^{-1}$ | $f(\alpha)$ | $R^2$ |
|---|---|---|---|---|
| CJ | 115.89 | $1.41\times10^{8}$ | $(1-\alpha)^{2.4}$ | 0.998 9 |
| CJ+Na | 109.89 | $2.89\times10^{8}$ | $(1-\alpha)^{3.1}$ | 0.991 6 |
| CJ+Ca | 113.56 | $6.27\times10^{9}$ | $(1-\alpha)^{3.2}$ | 0.996 2 |
| CJ+Mg | 151.29 | $2.31\times10^{11}$ | $(1-\alpha)^{3.5}$ | 0.993 2 |

# 参考文献


[1] LI J,ZHUANG X G,QUEROL X,et al. Environmental geochemistry of the feed coals and their combustion by-products from two coal-fired power plants in Xinjiang Province,Northwest China[J]. Fuel,2012,95:446-456.

[2] 杨忠灿,刘家利,何红光. 新疆准东煤特性研究及其锅炉选型[J]. 热力发电,2010,39(8):38-40.

[3] SONG G L,QI X B,SONG W J,et al. Slagging behaviors of high alkali Zhundong coal during circulating fluidized bed gasification[J]. Fuel,2016,186:140-149.

[4] LU Y,WANG Y,XU Y,et al. Investigation of ash fusion characteristics and migration of sodium during co-combustion of Zhundong coal and oil shale[J]. Applied thermal engineering,2017,121:224-233.

[5] ZHU C,QU S J,ZHANG J,et al. Distribution,occurrence and leaching dynamic behavior of sodium in Zhundong coal[J]. Fuel,2017,190:189-197.

[6] DAI S F,REN D Y,CHOU C L,et al. Geochemistry of trace elements in Chinese coals:a review of abundances,genetic types,impacts on human health,and industrial utilization[J]. International journal of coal geology,2012,94:3-21.

[7] 刘小伟,徐明厚,姚洪,等. 煤中钠元素赋存形态对亚微米颗粒物形成的影响研究[J]. 工程热物理学报,2009,30(9):1589-1592.

[8] QUYN D M,WU H W,LI C Z. Volatilisation and catalytic effects of alkali and alkaline earth metallic species during the pyrolysis and gasification of Victorian brown coal. Part Ⅰ. Volatilisation of Na and Cl from a set of NaCl-loaded samples[J]. Fuel,2002,81(2):143-149.

[9] 汉春利,张军,颜峥,等. 钠在煤燃烧初期释放特性的多元相关分析[J]. 燃烧科学与技术,2002,8(5):395-398.

[10] 张军,汉春利,颜峥,等. 煤中钠在燃烧初期行为的研究[J]. 燃料化学学报,2001,29(1):49-53.

[11] LEE S H D,TEATS F G,SWIFT W M,et al. alkali-vapor emission from PFBC of Illinois coals[J]. Combustion science and technology,1992,86(1/2/3/4/5/6):327-336.

[12] 张守玉,陈川,施大钟,等. 高钠煤燃烧利用现状[J]. 中国电机工程学报,2013,33(5):1-12.

[13] KOSMINSKI A,ROSS D P,AGNEW J B. Reactions between sodium and silica during gasification of a low-rank coal[J]. Fuel processing technology,2006,87(12):

1037-1049.
[14] XU J,LIU X,ZHAO F,et al. Study on fusibility and flow behavior of high-calcium coal ash[J]. Journal of chemical engineering of Japan,2014,47(9):711-716.
[15] 张龙. 灰熔点调控方式对煤灰矿物质转化过程的影响[D]. 杭州:浙江大学,2015.
[16] 姚润生,李小红,左永飞,等. 钠基助熔剂对灵石煤灰熔融特性温度的影响[J]. 煤炭学报,2011,36(6):1027-1031.
[17] 李继炳,沈本贤,李寒旭,等. 铁基助熔剂对皖北刘桥二矿煤的灰熔融特性影响研究[J]. 燃料化学学报,2009,37(3):262-265.
[18] 杨建国,邓芙蓉,赵虹,等. 煤灰熔融过程中的矿物演变及其对灰熔点的影响[J]. 中国电机工程学报,2006,26(17):122-126.
[19] 芦涛,张雷,张晔,等. 煤灰中矿物质组成对煤灰熔融温度的影响[J]. 燃料化学学报,2010,38(1):23-28.
[20] BAI J,LI W,LI B Q. Characterization of low-temperature coal ash behaviors at high temperatures under reducing atmosphere[J]. Fuel,2008,87(4/5):583-591.
[21] 杨建国,刘志,赵虹,等. 配煤煤灰内矿物质转变过程与熔融特性规律[J]. 中国电机工程学报,2008,28(14):61-66.
[22] 李帆,邱建荣,郑楚光. 煤中矿物质对灰熔融温度影响的三元相图分析[J]. 华中理工大学学报,1996,24(10):97-100.
[23] 张龙,黄镇宇,沈铭科,等. 不同的灰熔点调控方式对煤灰熔融特性的影响[J]. 燃料化学学报,2015,43(2):145-152.
[24] QIU J R,LI F,ZHENG Y,et al. The influences of mineral behaviour on blended coal ash fusion characteristics[J]. Fuel,1999,78(8):963-969.
[25] 焦发存,李慧,邓蜀平,等. 配煤对煤灰熔融特性影响的实验研究[J]. 煤炭转化,2006,29(1):11-14.
[26] 陈玉爽,张忠孝,乌晓江,等. 配煤对煤灰熔融特性影响的实验与量化研究[J]. 燃料化学学报,2009,37(5):521-526.
[27] 卢丹,黄镇宇,许建华,等. 基于系统分类的配煤灰熔融特性研究[J]. 中国电机工程学报,2010,30(8):20-26.
[28] SONG W J, TANG L H, ZHU X D, et al. Prediction of Chinese coal ash fusion temperatures in Ar and $H_2$ atmospheres[J]. Energy and fuels, 2009, 23(4): 1990-1997.
[29] 马永静. 矿物学角度研究添加剂对煤灰熔融性的作用及其机理[D]. 太原:太原理工大学,2012.
[30] 马岩,黄镇宇,唐慧儒,等. 准东煤灰化过程中的矿物演变及矿物添加剂对其灰熔融特性的影响[J]. 燃料化学学报,2014,42(1):20-25.
[31] ZOU X W,YAO J Z,YANG X M,et al. Catalytic effects of metal chlorides on the pyrolysis of lignite[J]. Energy and fuels,2007,21(2):619-624.
[32] ZENG X,WANG Y,YU J,et al. Gas upgrading in a downdraft fixed-bed reactor downstream of a fluidized-bed coal pyrolyzer[J]. Energy and fuels,2011,25(11):

5242-5249.

[33] LIN S Y,HARADA M,SUZUKI Y,et al. Comparison of pyrolysis products between coal,coal/CaO, and coal/Ca(OH)$_2$ materials[J]. Energy and fuels,2003,17(3):602-607.

[34] YAN L J,BAI Y H,KONG X J,et al. Effects of alkali and alkaline earth metals on the formation of light aromatic hydrocarbons during coal pyrolysis[J]. Journal of analytical and applied pyrolysis,2016,122:169-174.

[35] SHEVKOPLYAS V N,SARANCHUK V I. The impregnation effect on low and middle rank coals structure reorganization and their behavior during pyrolysis[J]. Fuel,2000,79(5):557-565.

[36] REICHEL D, KLINGER M, KRZACK S, et al. Effect of ash components on devolatilization behavior of coal in comparison with biomass-Product yields, composition,and heating values[J]. Fuel,2013,114:64-70.

[37] BAI Y H,YAN L J,LI G L,et al. Effects of demineralization on phenols distribution and formation during coal pyrolysis[J]. Fuel,2014,134:368-374.

[38] 杨会民,王美君,张玉龙,等. 添加物对宁夏煤热解气相产物生成的影响[J]. 煤炭学报,2010,35(8):1364-1368.

[39] HAYASHI J I, TAKAHASHI H, DOI S, et al. Reactions in brown coal pyrolysis responsible for heating rate effect on tar yield[J]. Energy and fuels, 2000, 14(2):400-408.

[40] PAN S,WANG Q,BAI J R,et al. Molecular structure and electronic properties of oil shale kerogen:an experimental and molecular modeling study[J]. Energy and fuels,2018,32(12):12394-12404.

[41] RU X,CHENG Z Q,SONG L H,et al. Experimental and computational studies on the average molecular structure of Chinese Huadian oil shale kerogen[J]. Journal of molecular structure,2012,1030:10-18.

[42] PAN L W,DAI F Q,LI G Q,et al. A TGA/DTA-MS investigation to the influence of process conditions on the pyrolysis of Jimsar oil shale[J]. Energy,2015,86:749-757.

[43] 罗万江. 油页岩热解过程及产物析出特性实验研究[D]. 西安:西安建筑科技大学,2016.

[44] CHANG Z B,CHU M,ZHANG C,et al. Influence of inherent mineral matrix on the product yield and characterization from Huadian oil shale pyrolysis[J]. Journal of analytical and applied pyrolysis,2018,130:269-276.

[45] GAI R H,JIN L J,ZHANG J B,et al. Effect of inherent and additional pyrite on the pyrolysis behavior of oil shale[J]. Journal of analytical and applied pyrolysis,2014,105:342-347.

[46] 张丽丽,徐龙,马晓迅. 应用 TG-FTIR 法研究铜川油页岩的热解特性[J]. 化工进展,2011,30(增刊):115-119.

[47] 孙佰仲,王擎,姜庆贤,等. 油页岩含油率的测定及其影响因素分析[J]. 东北电力大学

学报,2006,26(1):13-16.

[48] NAZZAL J M. The influence of grain size on the products yield and shale oil composition from the Pyrolysis of Sultani oil shale[J]. Energy conversion and management,2008,49(11):3278-3286.

[49] WANG Z J,DENG S H,GU Q,et al. Pyrolysis kinetic study of Huadian oil shale, spent oil shale and their mixtures by thermogravimetric analysis[J]. Fuel processing technology,2013,110:103-108.

[50] NAZZAL J M. Influence of heating rate on the pyrolysis of Jordan oil shale[J]. Journal of analytical and applied pyrolysis,2002,62(2):225-238.

[51] AL-HARAHSHEH A, AL-AYED O, AL-HARAHSHEH M, et al. Heating rate effect on fractional yield and composition of oil retorted from El-lajjun oil shale[J]. Journal of analytical and applied pyrolysis,2010,89(2):239-243.

[52] NAZZAL J M,WILLIAMS P T. Influence of temperature and steam on the products from the flash pyrolysis of Jordan oil shale[J]. International journal of energy research,2002,26(14):1207-1219.

[53] BALLICE L. Effect of demineralization on yield and composition of the volatile products evolved from temperature-programmed pyrolysis of Beypazari (Turkey) Oil Shale[J]. Fuel processing technology,2005,86(6):673-690.

[54] JIANG H F,SONG L H,CHENG Z Q,et al. Influence of pyrolysis condition and transition metal salt on the product yield and characterizationvia Huadian oil shale pyrolysis[J]. Journal of analytical and applied pyrolysis,2015,112:230-236.

[55] 王擎,张宏喜,迟铭书,等.蒙脱石对油页岩干酪根热解特性的影响[J].化工进展,2016,35(3):766-772.

[56] HU M J,CHENG Z Q,ZHANG M Y,et al. Effect of calcite,kaolinite,gypsum,and montmorillonite on Huadian oil shale kerogen pyrolysis[J]. Energy and fuels,2014,28(3):1860-1867.

[57] WILLIAMS P T, CHISHTI H M. Influence of residence time and catalyst regeneration on the pyrolysis-zeolite catalysis of oil shale[J]. Journal of analytical and applied pyrolysis,2001,60(2):187-203.

[58] 张德法.柳树河油页岩热解及催化热解研究[D].大连:大连理工大学,2012.

[59] FAN Y L,YU Z S,FANG S W,et al. Investigation on the co-combustion of oil shale and municipal solid waste by using thermogravimetric analysis[J]. Energy conversion and management,2016,117:367-374.

[60] LIU H P,LIANG W X,QIN H,et al. Thermal behavior of co-combustion of oil shale semi-coke with torrefied cornstalk[J]. Applied thermal engineering, 2016, 109: 413-422.

[61] LIN Y,LIAO Y F,YU Z S,et al. The investigation of co-combustion of sewage sludge and oil shale using thermogravimetric analysis[J]. Thermochimica Acta,2017,653:71-78.

[62] 张灿. 油茶壳和油页岩/半焦混合燃烧的实验研究[D]. 广州:华南理工大学,2017.

[63] GUO H F,LIN J D,YANG Y D,et al. Effect of minerals on the self-heating retorting of oil shale:Self-heating effect and shale-oil production[J]. Fuel,2014,118:186-193.

[64] KARABAKAN A,YÜRÜM Y. Effect of the mineral matrix in the reactions of oil shales:1. Pyrolysis reactions of Turkish Göynük and US Green River oil shales[J]. Fuel,1998,77(12):1303-1309.

[65] ZHAO Z B,LI W,QIU J S,et al. Influence of Na and Ca on the emission of $NO_x$ during coal combustion[J]. Fuel,2006,85(5/6):601-606.

[66] HU Y J,WANG Z Q,CHENG X X,et al. Effects of catalysts on combustion characteristics and kinetics of coal-char blends[C]//IOP Conference Series:Earth and Environmental Science,2018,133(1):012023.

[67] YAN J W,JIANG X M,HAN X X,et al. A TG-FTIR investigation to the catalytic effect of mineral matrix in oil shale on the pyrolysis and combustion of kerogen[J]. Fuel,2013,104:307-317.

[68] 石勇,赖登国,陈兆辉,等. 神木烟煤与桦甸油页岩的共热解特性[J]. 过程工程学报,2016,16(4):634-638.

[69] MIAO Z Y,WU G G,LI P,et al. Investigation into co-pyrolysis characteristics of oil shale and coal[J]. International journal of mining science and technology,2012,22(2):245-249.

[70] EKINCI E,CITIROGLU M,PUTUN E,et al. Effect of lignite addition and steam on the pyrolysis of Turkish oil shales[J]. Fuel,1992,71(12):1511-1514.

[71] 宋永辉,折建梅,兰新哲,等. 微波场中低变质煤与油页岩的热解[J]. 煤炭转化,2012,35(2):22-26.

[72] HE D,GUAN J,HU H,et al. Pyrolysis and co-pyrolysis of Chinese Longkou oil shale and Mongolian huolinhe lignite[J]. Oil shale,2015,32(2):151-159.

[73] LI S S,MA X Q,LIU G C,et al. A TG-FTIR investigation to the co-pyrolysis of oil shale with coal[J]. Journal of analytical and applied pyrolysis,2016,120:540-548.

[74] 晏建波,王海蓉,梁栋,等. 油页岩掺混煤的燃烧性能与排放性能[J]. 燃烧科学与技术,2014,20(2):158-163.

[75] 李萍,吴国光,苗真勇,等. 油页岩半焦与煤混合燃烧特性研究[J]. 煤炭转化,2010,33(1):61-64.

[76] 田红,廖正祝. 油页岩与煤混烧热重试验研究[J]. 热力发电,2015,44(2):36-41.

[77] 于海龙,姜秀民,赵翔,等. 油页岩与煤的混烧特性研究[J]. 燃料化学学报,2004,32(3):274-277.

[78] SUN B Z,WANG Q,SHEN P Y,et al. Kinetic analysis of co-combustion of oil shale semi-coke with bituminous coal[J]. Oil shale,2012,29(1):63.

[79] 周俊虎,平传娟,杨卫娟,等. 用热重红外光谱联用技术研究混煤热解特性[J]. 燃料化学学报,2004,32(6):658-662.

[80] LI S Y,YUE C T. Study of different kinetic models for oil shale pyrolysis[J]. Fuel

processing technology,2004,85(1):51-61.

[81] WHITE J E, CATALLO W J, LEGENDRE B L. Biomass pyrolysis kinetics: a comparative critical review with relevant agricultural residue case studies[J]. Journal of analytical and applied pyrolysis,2011,91(1):1-33.

[82] SØRUM L,GRØNLI M G,HUSTAD J E. Pyrolysis characteristics and kinetics of municipal solid wastes[J]. Fuel,2001,80(9):1217-1227.

[83] GAI C,DONG Y P,ZHANG T H. The kinetic analysis of the pyrolysis of agricultural residue under non-isothermal conditions [J]. Bioresource technology, 2013, 127: 298-305.

[84] 任宁,张建军. 热解析动力学数据处理方法的研究进展[J]. 化学进展,2006,18(4): 410-416.

[85] JAROSLAV Š. The quandary aspects of non-isothermal kinetics beyond the ICTAC kinetic committee recommendations[J]. Thermochimica Acta,2015,611:26-35.

[86] 日比娅,孙友宏,韩婧,等. 3 种无机盐催化热解油页岩[J]. 吉林大学学报(地球科学版),2018,48(4):1043-1049.

[87] EL-SAYED S A,MOSTAFA M E. Pyrolysis characteristics and kinetic parameters determination of biomass fuel powders by differential thermal gravimetric analysis (TGA/DTG)[J]. Energy conversion and management,2014,85:165-172.

[88] CHEN C X,MA X Q,LIU K. Thermogravimetric analysis of microalgae combustion under different oxygen supply concentrations[J]. Applied energy, 2011, 88(9): 3189-3196.

[89] STARINK M J. The determination of activation energy from linear heating rate experiments: a comparison of the accuracy of isoconversion methods [J]. Thermochimica Acta,2003,404(1/2):163-176.

[90] 吴元旦,饶娜,石金明,等. 碳酸钙热分解动力学特性分析[J]. 能源研究与管理, 2023(4):99-105.

[91] TANG W J,CHEN D H,WANG C X. Kinetic study on the thermal dehydration of $CaCO_3 \cdot H_2O$ by the master plots method[J]. AIChE journal, 2006, 52(6): 2211-2216.

[92] CHEN C X,MA X Q,HE Y. Co-pyrolysis characteristics of microalgae Chlorella vulgaris and coal through TGA[J]. Bioresource technology,2012,117:264-273.

[93] ZOU S P,WU Y L,YANG M D,et al. Pyrolysis characteristics and kinetics of the marine microalgae Dunaliella tertiolecta using thermogravimetric analyzer [J]. Bioresource technology,2010,101(1):359-365.

[94] MA Y H,NIU R X,WANG X N,et al. Co-pyrolysis behaviour and kinetic of two typical solid wastes in China and characterisation of activated carbon prepared from pyrolytic char[J]. Waste management and research,2014,32(11):1123-1133.

[95] 陈建标. 炼化废水污泥混煤热解燃烧特性及动力学研究[D]. 大连:大连理工大学,2016.

[96] VLAEV L,NEDELCHEV N,GYUROVA K,et al. A comparative study of non-isothermal kinetics of decomposition of calcium oxalate monohydrate[J]. Journal of analytical and applied pyrolysis,2008,81(2):253-262.

[97] 王擎,关京,徐芳. 油页岩热解特性及其甲烷释放规律研究[J]. 化工学报,2018,69(10):4362-4370.

[98] GAO M Q,YANG Z R,WANG Y L,et al. Impact of calcium on the synergistic effect for the reactivity of coal char gasification in $H_2O/CO_2$ mixtures[J]. Fuel,2017,189:312-321.

[99] CAMPBELL J H, GALLEGOS G, GREGG M. Gas evolution during oil shale pyrolysis. 2. Kinetic and stoichiometric analysis[J]. Fuel,1980,59(10):727-732.

[100] JOSEPH J T,FORRAI T R. Effect of exchangeable cations on liquefaction of low rank coals[J]. Fuel,1992,71(1):75-80.

[101] 王擎,张宏喜,迟铭书,等. 矿物质对桦甸油页岩热解产物影响特性[J]. 燃料化学学报,2016,44(3):328-334.

[102] CHEN Y Y,FURMANN A,MASTALERZ M,et al. Quantitative analysis of shales by KBr-FTIR and micro-FTIR[J]. Fuel,2014,116:538-549.

[103] TONG J H,HAN X X,WANG S,et al. Evaluation of structural characteristics of Huadian oil shale kerogen using direct techniques (solid-state $^{13}C$ NMR,XPS,FT-IR,and XRD)[J]. Energy and fuels,2011,25(9):4006-4013.

[104] YANG H Y,Liuqi,YE J B,et al. Chemical composition and structural characteristics of oil shales and their kerogens using FTIR and solid-state $^{13}C$ NMR[J]. Energy fuels,2016,30:6271-6280.

[105] WEI Z B,MICHAEL MOLDOWAN J,DAHL J,et al. The catalytic effects of minerals on the formation of diamondoids from kerogen macromolecules[J]. Organic geochemistry,2006,37(11):1421-1436.

[106] WU L M,ZHOU C H,KEELING J,et al. Towards an understanding of the role of clay minerals in crude oil formation,migration and accumulation[J]. Earth-science reviews,2012,115(4):373-386.

[107] EYLEM Ö,UZUN B B,PÜTÜN A E. Bio-oil productionvia co-pyrolysis of almond shell as biomass and high density polyethylene [J]. Energy conversion and management,2014,78:704-710.

[108] UDAJA P,DUFFY G J,CHENSEE M D. Coking reactivities of Australian shale oils [J]. Fuel,1990,69(9):1150-1154.

[109] 叶江彬,丁虎,徐健,等. 基于 FTIR 对油页岩生烃特性的分析[J]. 东北电力大学学报,2017,37(1):6-11.

[110] JIANG L B,YUAN X Z,LI H,et al. Pyrolysis and combustion kinetics of sludge-camphor pellet thermal decomposition using thermogravimetric analysis[J]. Energy conversion and management,2015,106:282-289.

[111] YAO H F,HE B S,DING G C,et al. Thermogravimetric analyses of oxy-fuel co-

combustion of semi-coke and bituminous coal[J]. Applied thermal engineering, 2019,156:708-721.

[112] 李改改,姜鹏飞,黄佳齐,等.富油煤热解过程动力学参数变化规律研究[J].煤炭技术,2023,42(10):52-56.

[113] 陈海翔,刘乃安.温度积分近似式研究[J].化学进展,2008,20(7/8):1015-1020.

[114] 宫聚辉,邵婷婷,路平,等.煤和沙柳的 $O_2/CO_2$ 混合燃烧特性及相互作用研究[J].中国农业科技导报,2017,19(10):96-106.

[115] QIN H,YUE Y K,ZHANG L D,et al. Study on co-combustion kinetics of oil shale sludge and semicoke[J]. Energy and fuels,2016,30(3):2373-2384.

[116] POPA T,FAN M H,ARGYLE M D,et al. Catalytic gasification of a powder river basin coal[J]. Fuel,2013,103:161-170.

[117] 王擎,许祥成,迟铭书,等.干酪根组成结构及其热解生油特性的红外光谱研究[J].燃料化学学报,2015,43(10):1158-1166.

[118] AL SANDOUK-LINCKE N A,SCHWARZBAUER J,VOLK H,et al. Alteration of organic material during maturation:a pyrolytic and infrared spectroscopic study of isolated bisaccate pollen and total organic matter (Lower Jurassic, hils syncline, Germany)[J]. Organic geochemistry,2013,59:22-36.

[119] WANG Q, YE J, YANG H, et al. Chemical composition and structural characteristics of oil shales and their kerogens using FTIR and solid-state $^{13}C$ NMR [J]. Energy and fuels,2016,30:6271-6280.

[120] IWASZENKO S,HOWANIEC N,SMOLIŃSKI A. Determination of random pore model parameters for underground coal gasification simulation[J]. Energy, 2019, 166:972-978.

[121] 王泽,史婉君,宋文立,等.金属氧化物对油页岩热解产物收率及组成分布的影响[J].化工学报,2017,68(10):3884-3891.

[122] DAI M Q,YU Z S,FANG S W,et al. Behaviors,product characteristics and kinetics of catalytic co-pyrolysis spirulina and oil shale [J]. Energy conversion and management,2019,192:1-10.

[123] WANG Q,WU H,JIA C X,et al. Effects of different alkali carbonates on oil shale pyrolysis[J]. Chemical engineering and machinery,2015,42(3):333-340.

[124] XU Y,ZHANG Y F,ZHANG G J,et al. Low temperature pyrolysates distribution and kinetics of Zhaotong lignite[J]. Energy conversion and management,2016,114: 11-19.

[125] JIA Y B,HUANG J J,WANG Y. Effects of calcium oxide on the cracking of coal tar in the freeboard of a fluidized bed[J]. Energy and fuels,2004,18(6):1625-1632.

[126] 冯冬冬,赵义军,张宇,等. AAEM 赋存形态对生物质半焦反应活性的影响[J].哈尔滨工业大学学报,2017,49(7):69-73.

[127] LI C Z,SATHE C,KERSHAW J R,et al. Fates and roles of alkali and alkaline earth metals during the pyrolysis of a Victorian brown coal[J]. Fuel, 2000, 79(3/4):

427-438.
[128] 侯方振. 非定温热分析法在煤粉燃烧动力学研究中的应用[J]. 煤质技术,2011,26(5):56-57.
[129] SINGH R K, PATIL T, SAWARKAR A N. Pyrolysis of garlic husk biomass: physico-chemical characterization, thermodynamic and kinetic analyses [J]. Bioresource technology reports,2020,12:100558.
[130] 翁青松,王长安,车得福,等. 准东煤碱金属赋存形态及对燃烧特性的影响[J]. 燃烧科学与技术,2014,20(3):216-221.
[131] 白杨,赵勇纲,徐会军,等. 准东煤及其混煤燃烧与结渣特性[J]. 洁净煤技术,2019,25(6):132-138.
[132] KYI S, CHADWICK B L. Screening of potential mineral additives for use as fouling preventatives in Victorian brown coal combustion[J]. Fuel,1999,78(7):845-855.
[133] 沈铭科,邱坤赞,黄镇宇,等. 准东煤掺烧高岭土对固钠率及灰熔融特性影响研究[J]. 燃料化学学报,2015,43(9):1044-1051.
[134] WANG J R, CHEN F M, ZHAO B, et al. Volatilisation and transformation behavior of sodium species at high temperature and its influence on ash fusion temperatures [J]. Fuel processing technology,2017,155:209-215.
[135] 彭雪峰,汪立今,田继军,等. 新疆油页岩资源的开发利用研究[J]. 中国矿业,2010,19(11):109-111.
[136] 刘招君,柳蓉. 中国油页岩特征及开发利用前景分析[J]. 地学前缘,2005,12(3):317-325.
[137] 刘敬,王智化,项飞鹏,等. 准东煤中碱金属的赋存形式及其在燃烧过程中的迁移规律实验研究[J]. 燃料化学学报,2014,42(3):316-322.
[138] 陈川,张守玉,刘大海,等. 新疆高钠煤中钠的赋存形态及其对燃烧过程的影响[J]. 燃料化学学报,2013,41(7):832-838.
[139] 汉春利,张军,刘坤磊,等. 煤中钠存在形式的研究[J]. 燃料化学学报,1999,27(6):575-578.
[140] LU Y, CAO R, HUANG D W, et al. Investigation on the ash characteristics and AAEM migration during co-combustion of Zhundong coal and shale char in a fixed bed[J]. Fuel,2022,327:125214.
[141] ZHANG J, HAN C L, YAN Z, et al. The varying characterization of alkali metals (Na, K) from coal during the initial stage of coal combustion[J]. Energy and fuels,2001,15(4):786-793.
[142] 汪淑军,姚伟,张喜来,等. 准东煤一维炉燃烧结渣特性试验[J]. 热力发电,2018,47(9):69-75.
[143] LI G D, LI S Q, HUANG Q, et al. Fine particulate formation and ash deposition during pulverized coal combustion of high-sodium lignite in a down-fired furnace [J]. Fuel,2015,143:430-437.
[144] WANG L, SKREIBERG Ø, BECIDAN M. Investigation of additives for preventing

ash fouling and sintering during barley straw combustion[J]. Applied thermal engineering,2014,70(2):1262-1269.

[145] VASSILEV S V,KITANO K,TAKEDA S,et al. Influence of mineral and chemical composition of coal ashes on their fusibility[J]. Fuel processing technology,1995,45(1):27-51.

[146] 李瑞连,杜梅芳,乌晓江,等. 高岭土对准东高碱煤煤灰熔融特性影响的量子化学与实验研究[J]. 燃料化学学报,2016,44(5):513-520.

[147] 王勤辉,景妮洁,骆仲泱,等. 灰成分影响煤灰烧结温度的实验研究[J]. 煤炭学报,2010,35(6):1015-1020.

[148] 李帆,邱建荣,郑楚光. 混煤煤灰中矿物行为对煤灰熔融特性的影响[J]. 华中理工大学学报,1997,25(9):41-43.

[149] HUGGINS F E,KOSMACK D A,HUFFMAN G P. Correlation between ash-fusion temperatures and ternary equilibrium phase diagrams[J]. Fuel, 1981, 60(7):577-584.

[150] WEI B,WANG X B,TAN H Z,et al. Effect of silicon-aluminum additives on ash fusion and ash mineral conversion of Xinjiang high-sodium coal[J]. Fuel,2016,181:1224-1229.

[151] 刘硕,周安宁,杨伏生,等. 氧化物添加剂对羊场湾煤灰熔融特性的影响[J]. 煤炭学报,2015,40(12):2954-2960.

[152] 高振宝. $CaSO_4$对煤灰熔融性的影响及其机理的探究[D]. 上海:华东理工大学,2012.

[153] KITTEL C,MCEUEN P. Introduction to solid state physics[M]. New York:John Wiley and Sons,2018.

[154] 高峰,马永静. $Mg^{2+}$ 和 $Na^{+}$ 对高熔点煤灰熔融性的影响[J]. 燃料化学学报,2012,40(10):1161-1166.

[155] LI J B,ZHU M M,ZHANG Z Z,et al. The mineralogy,morphology and sintering characteristics of ash deposits on a probe at different temperatures during combustion of blends of Zhundong lignite and a bituminous coal in a drop tube furnace[J]. Fuel processing technology,2016,149:176-186.

[156] LU Y,WANG Y,ZHAO Y Q,et al. The characteristics of mineralogy,morphology and sintering during co-combustion of Zhundong coal and oil shale[J]. RSC advances,2017,7(81):51036-51045.

[157] LU Y,WANG Y,ZHANG J,et al. Investigation on the catalytic effect of AAEMs in Zhundong coal on the combustion characteristics of Changji oil shale and its kinetics[J]. Energy,2019,178:89-100.

[158] LIN Y S, MA X Q, NING X X, et al. TGA-FTIR analysis of co-combustion characteristics of paper sludge and oil-palm solid wastes[J]. Energy conversion and management,2015,89:727-734.

[159] REN J,XIE C J,GUO X,et al. Combustion characteristics of coal gangue under an atmosphere of coal mine methane[J]. Energy and fuels,2014,28(6):3688-3695.

[160] DEMIRBAS A. Combustion characteristics of different biomass fuels[J]. Progress in energy and combustion science,2004,30(2):219-230.

[161] CHEN W M,SHI S K,ZHANG J,et al. Co-pyrolysis of waste newspaper with high-density polyethylene: Synergistic effect and oil characterization [J]. Energy conversion and management,2016,112:41-48.

[162] QIN H,WANG W L,LIU H P,et al. Thermal behavior research for co-combustion of furfural residue and oil shale semi-coke[J]. Applied thermal engineering,2017,120:19-25.

[163] ZHANG L H,DUAN F,HUANG Y J. Effect of organic calcium compounds on combustion characteristics of rice husk, sewage sludge, and bituminous coal: thermogravimetric investigation[J]. Bioresource technology,2015,181:62-71.

[164] LIU G C,LIAO Y F,GUO S D,et al. Thermal behavior and kinetics of municipal solid waste during pyrolysis and combustion process [J]. Applied thermal engineering,2016,98:400-408.

[165] 马仑.混煤燃烧过程中着火促进与燃尽抑制作用的实验与模拟研究[D].武汉:华中科技大学,2018.

[166] 张亮. Oxy-steam 气氛下煤粉燃烧特性及 NO 生成特性研究[D].武汉:华中科技大学,2016.

[167] TOFTEGAARD M B,BRIX J,JENSEN P A,et al. Oxy-fuel combustion of solid fuels[J]. Progress in energy and combustion science,2010,36(5):581-625.

[168] NIU S L,LU C M,HAN K H,et al. Thermogravimetric analysis of combustion characteristics and kinetic parameters of pulverized coals in oxy-fuel atmosphere[J]. Journal of thermal analysis and calorimetry,2009,98(1):267-274.

[169] NIU S L,HAN K H,LU C M. Characteristic of coal combustion in oxygen/carbon dioxide atmosphere and nitric oxide release during this process [J]. Energy conversion and management,2011,52(1):532-537.

[170] WALL T,LIU Y H,SPERO C,et al. An overview on oxyfuel coal combustion:State of the art research and technology development[J]. Chemical engineering research and design,2009,87(8):1003-1016.

[171] RATHNAM R K,ELLIOTT L K,WALL T F,et al. Differences in reactivity of pulverised coal in air ($O_2/N_2$) and oxy-fuel ($O_2/CO_2$) conditions [J]. Fuel processing technology,2009,90(6):797-802.

[172] 刘倩,钟文琪,苏伟,等.基于热重-质谱联用的煤粉富氧燃烧动力学及污染物生成特性[J].化工学报,2018,69(1):523-530.

[173] 高鹤,姜星宇,刘雪景,等.油页岩矿物质催化半焦燃烧特性及机理[J].化工学报,2020,71(12):5568-5577.

[174] 徐青.海藻与油页岩的燃烧与热解特性研究[D].广州:华南理工大学,2017.

[175] LIU B,HE Q H,JIANG Z H,et al. Relationship between coal ash composition and ash fusion temperatures[J]. Fuel,2013,105:293-300.

[176] ZHANG L X,KUDO S,TSUBOUCHI N,et al. Catalytic effects of Na and Ca from inexpensive materials on in-situ steam gasification of char from rapid pyrolysis of low rank coal in a drop-tube reactor[J]. Fuel processing technology,2013,113:1-7.

[177] MOINE E C,GROUNE K,EL HAMIDI A,et al. Multistep process kinetics of the non-isothermal pyrolysis of Moroccan Rif oil shale[J]. Energy,2016,115:931-941.

[178] 王芳,张德俐,高子翔,等. 玉米秸秆及其发酵沼渣热解动力学研究[J]. 农业机械学报,2018,49(1):296-304.